Dinesh Kumara
Nanditha K. Hettiarachchi
D. M. R. Kumara

Conceção, fabrico e ensaio de uma turbina eólica com deflectores de vento

Dinesh Kumara
Nanditha K. Hettiarachchi
D. M. R. Kumara

Conceção, fabrico e ensaio de uma turbina eólica com deflectores de vento

ScienciaScripts

Imprint

Cover image: www.ingimage.com

This book is a translation from the original published under ISBN 978-620-2-07077-5.

Publisher:
Sciencia Scripts
is a trademark of
Dodo Books Indian Ocean Ltd. and OmniScriptum S.R.L publishing group

120 High Road, East Finchley, London, N2 9ED, United Kingdom
Str. Armeneasca 28/1, office 1, Chisinau MD-2012, Republic of Moldova, Europe
Printed at: see last page
ISBN: 978-620-8-25077-5

RESUMO

Este projeto centrou-se na conceção, fabrico e ensaio de uma VAWT (turbina eólica de eixo vertical) com deflectores de vento. O projeto foi um projeto de investigação em curso na Faculdade de Engenharia da Universidade de Ruhuna, no Sri Lanka. A fase que realizámos consistiu em mudar o projeto do tipo Darrieus para o tipo Savonius, o que criou a necessidade de conceber todas as peças de novo, aumentar o binário e as rotações da VAWT através da implementação de um sistema de deflectores/palhetas-guia, tornar toda a estrutura portátil e, ao mesmo tempo, manter o projeto a um custo muito baixo. Os referidos objectivos podem ser alcançados através da manipulação dos conhecimentos de conceção de elementos de máquinas, dinâmica de fluidos, tecnologia energética e análise CFD.

Uma das principais preocupações foi a de conceber um projeto que permitisse ao VAWT funcionar com a máxima eficiência. Foram analisados vários parâmetros em função da velocidade do vento para determinar o melhor valor de cada parâmetro que permitisse obter a maior eficiência, garantindo assim o máximo desempenho final do VAWT. Os parâmetros que foram considerados para análise são o número de pás que o rotor deve ter, o posicionamento da pá (ou seja, a distância entre o eixo e a pá e o ângulo que a pá cria com o eixo), a forma do deflector e o ângulo do deflector, de modo a gerar a maior eficiência. Os parâmetros acima referidos foram analisados utilizando o pacote de software ANSYS/Fluent e o projeto final foi produzido de acordo com os resultados obtidos. O projeto final foi elaborado com quatro pás de rotor, um leme e dois deflectores de vento. Quatro pás de rotor provaram ser o desenho ideal para as velocidades de vento típicas disponíveis em toda a ilha. O leme ajustaria toda a unidade de cata-ventos de modo a que os deflectores ficassem virados para o vento. Os dois deflectores captariam mais vento, convergiriam e dirigiriam o vento para o rotor. Os resultados de todas as análises são apresentados em anexo ao presente relatório.

O projeto final foi criado virtualmente à escala 1:1 no ambiente SolidWorks e testado quanto à sua resistência e durabilidade.

O fabrico do VAWT foi efectuado em algumas fases, nomeadamente o fabrico das pás do rotor, o fabrico do eixo principal com rolamentos e estruturas de suporte das pás do rotor, o fabrico da estrutura de suporte, o fabrico da unidade de cata-vento, a pintura e a montagem da estrutura.

Como passo final, o VAWT foi testado quanto ao seu desempenho praticamente com e sem a unidade de cata-vento, e os resultados foram registados e depois analisados. A comparação entre os dois mostrou um aumento significativo na capacidade de extração de energia do VAWT a partir do vento.

Durante os ensaios práticos do VAWT, foram identificadas várias melhorias possíveis no projeto, que poderiam ser implementadas para aumentar ainda mais a eficiência, e que são desenvolvidas no relatório.

Os objectivos que nos foram propostos no início do projeto foram alcançados com êxito através de uma manipulação cuidadosa e sensata dos conhecimentos teóricos e práticos, bem como da experiência prática. Os objectivos foram alcançados, não com facilidade, mas com certeza.

RECONHECIMENTO

Gostaríamos de agradecer à Conselheira Principal deste projeto, Dra. Nanditha K. Hettiarachchi, por nos ter confiado e dado a oportunidade de trabalhar neste projeto exclusivo e importante, o Projeto, Fabrico e Ensaio de um VAWT, e a todos os outros membros do pessoal académico do Departamento de Engenharia Mecânica e de Fabrico, Faculdade de Engenharia, Universidade de Ruhuna, Sri Lanka, por nos terem dado esta oportunidade de obter um bom conhecimento prático no domínio da Engenharia Mecânica e de Fabrico.

Gostaríamos também de expressar a nossa sincera gratidão ao engenheiro de irrigação da divisão de Matara, Sr. L.S. Suriyabandara, por nos ter ajudado a fornecer barris de petróleo vazios para o projeto, para serem utilizados durante o fabrico. Sem a sua ajuda, não teríamos conseguido conter este projeto dentro da margem orçamental de baixo custo.

Por último, mas não menos importante, gostaríamos de aproveitar esta oportunidade para agradecer a todas as pessoas que contribuíram de várias formas e meios para nos dar esta oportunidade inestimável de expandir, bem como de adquirir novos conhecimentos e experiências vitais para o desempenho bem sucedido como engenheiro na indústria, e que nos ajudaram de muitas formas ao longo do projeto para o tornar um sucesso.

ÍNDICE

CAPÍTULO 1

INTRODUÇÃO

1.1 Introdução ao projeto

A conceção, o fabrico e o ensaio de uma turbina eólica de eixo vertical (VAWT) com deflectores de vento serão o projeto de licenciatura em curso no último ano da Faculdade de Engenharia da Universidade de Ruhuna, no Sri Lanka. O objetivo principal será melhorar o desempenho da VAWT através da conceção de palhetas-guia e do seu fabrico a baixo custo, bem como obter mais binário e rpm do veio. Além disso, é suposto ser uma turbina eólica portátil.

1.2 Importância do projeto

A energia é um tema quente nas notícias actuais: aumento do consumo, aumento do custo, esgotamento dos recursos naturais, a nossa dependência de fontes estrangeiras e o impacto no ambiente e o perigo do aquecimento global. Algo tem de ser mudado.

A energia eólica tem um grande potencial para diminuir a nossa dependência dos recursos tradicionais, como o petróleo, o gás e o carvão, e para o fazer sem causar tantos danos ao ambiente. As fontes de energia alternativas, também designadas por recursos renováveis, produzem energia com um impacto mínimo no ambiente. Estas fontes são normalmente mais ecológicas/limpas do que os métodos tradicionais, como o petróleo ou o carvão. Além disso, os recursos alternativos são inesgotáveis.

Estes benefícios, bem como os dados que sugerem que o declínio da extração de petróleo convencional ultrapassará a produção de novas perfurações até 2014, fazem das energias renováveis uma fonte viável a seguir.

1.2.1 Energia eólica

De acordo com o Departamento de Energia dos EUA, a energia eólica foi a fonte de produção de eletricidade que mais cresceu no mundo durante a década de 1990.

Com recursos de energia eólica largamente inexplorados em todo o país e custos de energia eólica em declínio, o Sri Lanka está agora a avançar para o século XXI com uma iniciativa agressiva para acelerar o progresso da tecnologia eólica e reduzir ainda mais os seus custos, para criar novos empregos e para melhorar a qualidade ambiental.

Vantagens da energia eólica:

- O vento é gratuito.
- Não são utilizados combustíveis fósseis para produzir eletricidade.
- As novas tecnologias tornam a produção de energia muito mais eficiente.
- As turbinas eólicas ocupam menos espaço do que uma central eléctrica média (alguns metros quadrados para a base). As turbinas podem ser colocadas em locais remotos, como no mar, nas

montanhas e nos desertos.

- Quando combinado com outras fontes de energia alternativas, o vento pode proporcionar um fornecimento fiável de eletricidade. [2]

Por isso, estamos a planear fabricar uma turbina eólica de eixo vertical de baixo custo com deflectores de vento.

Este projeto inclui principalmente os seguintes subprocessos

- Projeto de uma turbina eólica de eixo vertical
- Conceção de deflectores de vento
- Análise do fluxo e da eficiência
- Fabrico desta turbina eólica e dos deflectores de vento
- Teste do binário e das rotações do veio.
- Análise do momento fletor e das tensões da estrutura concluída

Com a realização deste projeto, esperamos atingir determinados objectivos primários e secundários relacionados com a produção de energia no Sri Lanka. Assim, o objetivo do projeto é otimizar a eficiência da turbina eólica e criar uma turbina eólica que possa funcionar em qualquer área.

Este projeto abrangerá uma vasta área do domínio da engenharia mecânica. Após a conclusão do projeto, obteremos conhecimentos sobre as seguintes áreas

- Conceção dos elementos da máquina
- Resistência dos materiais
- Conhecimentos de software de simulação (ANSYS, Solid Works, CFD... etc.)
- Dinâmica dos fluidos
- Tecnologia da energia
- Ergonomia

Finalmente, esperamos que esta seja uma boa oportunidade para aplicar os conhecimentos adquiridos no programa de licenciatura numa aplicação real. Porque abrange vários domínios da engenharia mecânica e será também um enorme desafio satisfazer os requisitos do cliente.

CAPÍTULO 2

REVISÃO DA LITERATURA

As turbinas eólicas funcionam segundo um princípio simples. A energia do vento faz girar duas ou três pás em forma de hélice à volta de um rotor. O rotor está ligado ao eixo principal, que faz girar um gerador para criar eletricidade. Uma turbina eólica utilizada para carregar baterias pode ser designada por carregador eólico.

Resultado de mais de um milénio de desenvolvimento de moinhos de vento e de engenharia moderna, as turbinas eólicas actuais são fabricadas numa vasta gama de tipos de eixo vertical e horizontal. As turbinas mais pequenas são utilizadas para aplicações como o carregamento de baterias para energia auxiliar em barcos ou caravanas ou para alimentar sinais de aviso de trânsito. As turbinas ligeiramente maiores podem ser utilizadas para fazer pequenas contribuições para o fornecimento de energia doméstica, vendendo a energia não utilizada de volta ao fornecedor de serviços públicos através da rede eléctrica. Os conjuntos de grandes turbinas, conhecidos como parques eólicos, estão a tornar-se uma fonte cada vez mais importante de energia renovável e são utilizados por muitos países como parte de uma estratégia para reduzir a sua dependência dos combustíveis fósseis.

Então, como é que as turbinas eólicas produzem eletricidade? Em termos simples, uma turbina eólica funciona ao contrário de uma ventoinha. Em vez de utilizar a eletricidade para produzir vento, como uma ventoinha, as turbinas eólicas utilizam o vento para produzir eletricidade. O vento faz girar as pás, que fazem girar um eixo, que se liga a um gerador e produz eletricidade.

As turbinas eólicas são classificadas em dois grupos. São eles a turbina eólica de eixo vertical (VAWT) e a turbina eólica de eixo horizontal (HAWT)[3].

2.1 Turbinas eólicas de eixo horizontal (HAWT)

As turbinas eólicas de eixo horizontal (HAWT) têm o eixo do rotor principal e o gerador elétrico no topo de uma torre e devem ser apontadas para o vento. As pequenas turbinas são apontadas por um simples cata-vento, enquanto as grandes turbinas utilizam geralmente um sensor de vento acoplado a um servomotor. A maioria tem uma caixa de velocidades, que transforma a rotação lenta das pás numa rotação mais rápida, mais adequada para acionar um gerador elétrico.

Uma vez que uma torre produz turbulência atrás de si, a turbina é normalmente posicionada contra o vento da sua torre de suporte. As pás da turbina são rígidas para evitar que sejam empurradas contra a torre por ventos fortes. Além disso, as pás são colocadas a uma distância considerável à frente da torre e, por vezes, são ligeiramente inclinadas para a frente, em direção ao vento.

As caraterísticas do rotor, do binário e da velocidade podem ser controladas e optimizadas nos HAWT modernos através da alteração do ângulo de inclinação das pás do rotor. Isto pode ser feito utilizando um sistema mecânico ou eletrónico de controlo do passo das pás. Esta técnica melhora o desempenho da turbina eólica, protegendo-a contra condições de vento extremas e excesso de velocidade. A Fig. 2.1 mostra a configuração da HAWT.

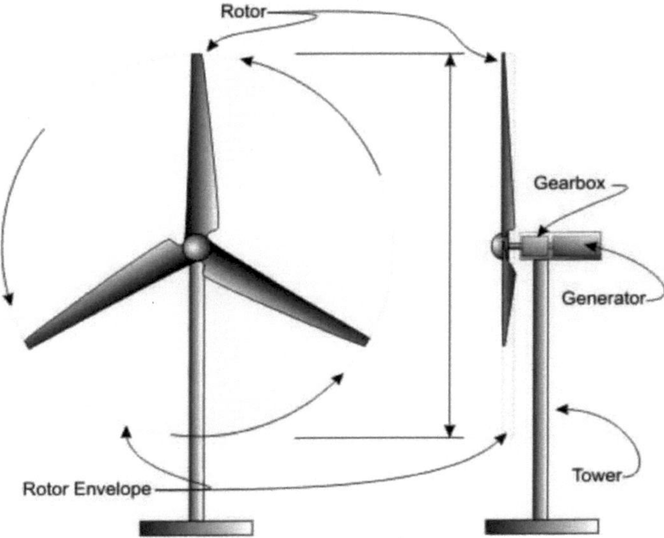

Figura 2-1 Turbina eólica de eixo horizontal

2. 2Turbinas eólicas de eixo vertical (VAWT)

As turbinas eólicas de eixo vertical (ou VAWTs) têm o eixo do rotor principal disposto verticalmente. Uma vantagem desta disposição é que a turbina não precisa de estar apontada para o vento para ser eficaz, o que é uma vantagem num local onde a direção do vento é altamente variável, por exemplo, quando a turbina está integrada num edifício. Além disso, o gerador e a caixa de velocidades podem ser colocados perto do solo, utilizando um acionamento direto do conjunto do rotor para a caixa de velocidades no solo, melhorando a acessibilidade para manutenção.

As VAWTs oferecem uma série de vantagens em relação às tradicionais turbinas eólicas de eixo horizontal (HAWTs). Podem ser colocadas mais próximas umas das outras em parques eólicos, o que permite uma maior capacidade de produção de energia num único dia.

determinado espaço. São silenciosos, omnidireccionais e produzem menos forças na estrutura de suporte. Não necessitam de tanto vento para gerar energia, o que lhes permite estar mais perto do solo, onde a velocidade do vento é menor. Por estarem mais próximas do solo, são de fácil manutenção e podem ser instaladas em chaminés e estruturas altas semelhantes.[4]A Fig. 2.2 mostra a configuração da VAWT.

Figura 2-2Turbina eólica de eixo vertical

Os tipos mais populares de VAWT são: Turbina Eólica Darrieus e Turbina Eólica Savonius.

2.2.1 Turbina eólica Darrieus

As turbinas eólicas Darrieus são vulgarmente conhecidas como turbinas "Eggbeater". Foi inventada por Georges Darrieus em 1931. Uma Darrieus é uma máquina de alta velocidade e baixo binário adequada para gerar eletricidade de corrente alternada (CA). As Darrieus requerem geralmente um impulso manual e, por conseguinte, uma fonte de energia externa para começar a rodar, uma vez que o binário de arranque é muito baixo. O Darrieus tem duas lâminas orientadas verticalmente que giram em torno de um eixo vertical.

2.2.2 Turbina eólica Savonius

A turbina eólica de eixo vertical Savonius é uma máquina de rotação lenta e de binário elevado com duas ou mais conchas e é utilizada em turbinas eléctricas de alta fiabilidade e baixa eficiência.

As turbinas Savonius utilizam a elevação gerada pelas pás em forma de aerofólio para acionar um rotor, a Savonius utiliza o arrasto e, por conseguinte, não pode rodar mais depressa do que a velocidade do vento que se aproxima.

Assim, a nossa tarefa consiste em aumentar a eficiência do aerogerador de eixo vertical Savonius com deflectores de vento.

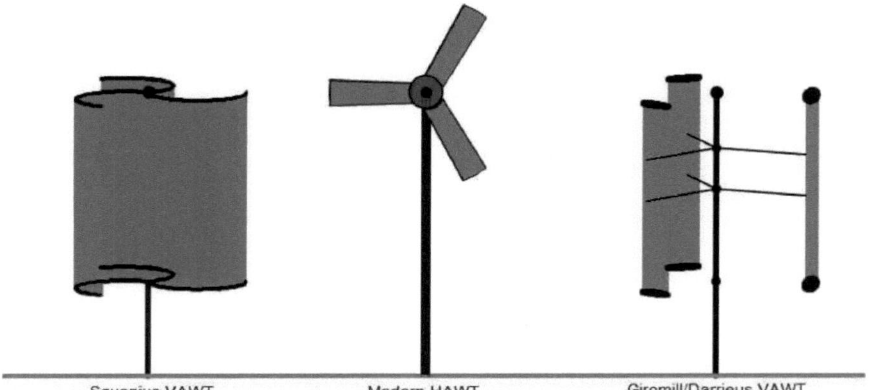

Figura 2-3Turbina eólica de eixo horizontal versus turbina eólica de eixo vertical

2. 3Investigações anteriores efectuadas

Muitas pesquisas foram feitas para aumentar a eficiência da turbina eólica de eixo vertical. Desenvolveram turbinas eólicas básicas e descobriram parâmetros significativos que implicam diretamente a alteração do desempenho das turbinas. Alguns deles são a solidez da pá, a força de elevação, a força de arrasto e o ângulo de ataque. Além disso, introduzem a integração do sistema com um deflector de vento.

As caraterísticas do binário de arranque e dos coeficientes de potência das turbinas eólicas de eixo horizontal (HAWT) são mais elevadas do que as das turbinas eólicas de eixo vertical (VAWT). Por este motivo, o mercado comercial de energia eólica está repleto de HAWT. De qualquer modo, as pequenas turbinas eólicas de eixo vertical são mais adequadas para ambientes urbanos devido ao risco reduzido associado à sua taxa de rotação mais lenta e à menor poluição sonora em comparação com a turbina eólica de eixo horizontal.

Na investigação, foi introduzido um sistema deflector que pode orientar o vento para as pás da turbina eólica de eixo vertical para aumentar o coeficiente de potência e testado com CFD.

Conceberam uma turbina eólica de eixo vertical juntamente com um sistema deflector de vento e as simulações foram feitas com software de dinâmica de fluidos computacional (CFD), que pode ser mais fiável do que os modelos analíticos ou semi-empíricos adoptados com hipóteses simplificadoras. Em seguida, foram analisados os desempenhos de arranque e de potência. [1]Obtiveram os seguintes resultados para o coeficiente de desempenho (Cp) e o rácio da velocidade da ponta (A) relativamente aos desempenhos nas simulações

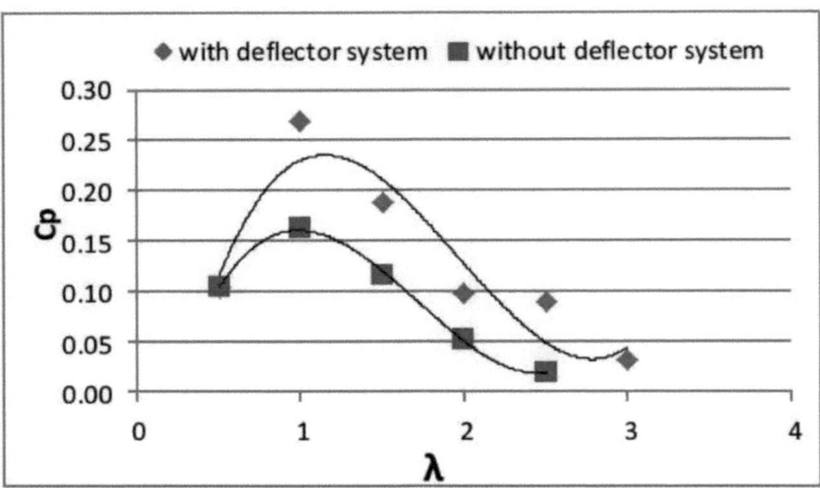

Figura 2-4Variação do coeficiente de potência da turbina

Para além disso, muitos investigadores têm considerado o perfil da pá. Os VAWTs modernos ocupam pás desenvolvidas pela NACA que têm a capacidade de arranque automático. No entanto, os investigadores estão envolvidos na modificação do VAWT comum e no aumento da sua eficiência.

CAPÍTULO 3

PROCEDIMENTO DO PROJECTO

2.1 Revisão da literatura

Foram recolhidas informações sobre as turbinas eólicas e os deflectores e selecionámos uma turbina eólica de eixo vertical para o nosso projeto. Por esse motivo, podem ser instaladas mais perto umas das outras em parques eólicos, permitindo um maior número de unidades num determinado espaço, são silenciosas em funcionamento, produzem menos forças na estrutura de suporte e, sobretudo, não necessitam de tanto vento para gerar energia. Existem dois tipos de turbinas eólicas de eixo vertical. São eles,

- Turbina eólica Darrieus
- Turbina eólica Savonius

Há muitas coisas para explorar sobre as turbinas eólicas. Iremos fazer o máximo possível.

2.2 Proposta

Após a revisão da literatura, preparámos uma proposta de projeto para orientar os outros sobre o projeto. A proposta de projeto continha uma introdução, bem como o procedimento e o orçamento.

2.3 Análise do fluxo e da eficiência

Existem muitos tipos de software para analisar o perfil das turbinas eólicas e para simular virtualmente o comportamento dos padrões de fluxo e outros parâmetros importantes. Wind PRO, Wind Farm, Gambit e Fluent, Wind Farmer, Open Wind e Wind Sim são alguns deles. Neste projeto, a análise CFD foi feita com os softwares comerciais ANSYS e Fluent.

2.4 Conceção da turbina eólica

Neste projeto, os deflectores de vento são muito importantes para atingir os objectivos do nosso projeto, bem como para aumentar o desempenho da turbina eólica. O sistema concebido pode ser dividido em várias partes, uma vez que esperamos conceber o sistema passo a passo.

- > Conceção das palhetas-guia

  Utilizámos o software Fluent para analisar os padrões de fluxo e obter as posições angulares mais eficientes. Estamos a planear rasgar o barril em 3 partes para fazer 4 palhetas-guia.

- > Conceção dos deflectores de vento

  Os deflectores de vento desempenham um papel importante neste sistema. Por esse motivo, a turbina eólica de eixo vertical tem uma eficiência mais baixa do que a turbina eólica de eixo horizontal. Assim, a nossa tarefa consiste em melhorar o desempenho da VAWT. Utilizámos o CFD para analisar os padrões de fluxo.

>Conceção do tripé

Utilizámos o software Solid Works para desenhar este tripé. O tripé é uma das partes principais desta turbina. Deve suportar toda a estrutura. Por isso, tem de ser resistente ao binário variável e às tensões do sistema.

3.5Convocar cotações

Solicitámos 5 orçamentos a 5 locais diferentes para obter os equipamentos necessários para o projeto. Esses locais foram a Ganga hardware, a Fazaal hardware, a MWS, a Manamperi hardware e a southern engineering co. A lista final de orçamentos é apresentada na figura seguinte.

A	B	C	D	E	F	G	H
NAME	DESCRIPTION	QTY.	GANGA	MWS	FAZAAL	MANAMPERI	SELECTED
MS hollow shaft	OD 55mm ID 45mm	210 cm (7')	6615	8750	NQ	NQ	6615
Ball bearing	ID 55mm OD 90mm (6011)	2	1350	3320	NQ	NQ	1350
Thrust bearing	ID 55mm OD 90mm (51211)	2	2350	3900	NQ	NQ	2350
Bearing mounting	ID 90mm	2	NQ	5000	NQ	NQ	
MS hollow shaft	ID 90mm	75cm	7775	13000	NQ	NQ	7775
Nut & Bolts (mounting deflectors)	8mm*25mm	20					
Nut & Bolts (mounting blades)	10mm *25mm	20	900	1125	NQ	NQ	900
Nut & Bolts (for bearing mounting)	13mm*25mm	10					
V-belt pulley	OD 6"	1	600	420			420
Steel plates (for deflectors)	5mm thick(G/F/M), 1.5mm thick(MWS)	120cm×60cm	8875	8550	16000	17100	
Steel plates (for rudder)	5mm thick(G/F/M), 1.5mm thick(MWS)	110cm×80cm	12150				
L- iron (for support/torque measurement support)	2" x 2" x 1/4"	4m	1000	3450	2875	2950	1000
Box iron bar (for support)	2" x 2" x 2mm(G/F/MWS), 2" x 2" x [illegible]	5m	4200	3950	15600	2415	3950
Box iron bar (for deflector + rudder support)	1.6mm x 1" x 1"	3m+ 3.5m	1350	1450	3150	1140	1350
Anti corrosive paint	black color(F), Red color(M)	5L	2650	2770	1957.5	2075	2075
						TOTAL	27785

Figura 3-1 Lista final de cotações

3. 6Fabricação

Após a conceção, pensámos no fabrico da turbina eólica, o que levará mais tempo do que o previsto no plano. Nas etapas de fabrico, selecionou-se o material e procedeu-se à soldadura, fixação, fixação, dobragem de chapas metálicas, etc... O fabrico foi realizado com os recursos da oficina do departamento de mecânica. Além disso, se houver algum processo que não possa ser realizado na oficina, será subcontratado.

3. 7Testes de desempenho

O seu desempenho pode ser verificado utilizando o túnel de vento e também no local após o fabrico. Nesta secção, estamos a planear medir o binário do veio, as rpm... etc. Com isso, calculamos a potência do veio.

3. 8Melhoria

Após a realização dos testes, planeamos fazer alguns melhoramentos, se possível. Continuaremos a efetuar estas melhorias de modo a satisfazer as condições necessárias. Porque aumentar o desempenho da turbina eólica de eixo vertical é o principal objetivo do projeto.

3. 9Análise do desempenho

Por fim, o desempenho será analisado para mostrar a realização do projeto.

Mostrámos que o desempenho após o melhoramento da turbina eólica de eixo vertical aumentou em relação à turbina existente. A análise do desempenho tem de ser efectuada utilizando o software Fluent e calculando a potência de saída.

O modelo em Solid Works da estrutura do projeto concluído é apresentado nas figuras seguintes.

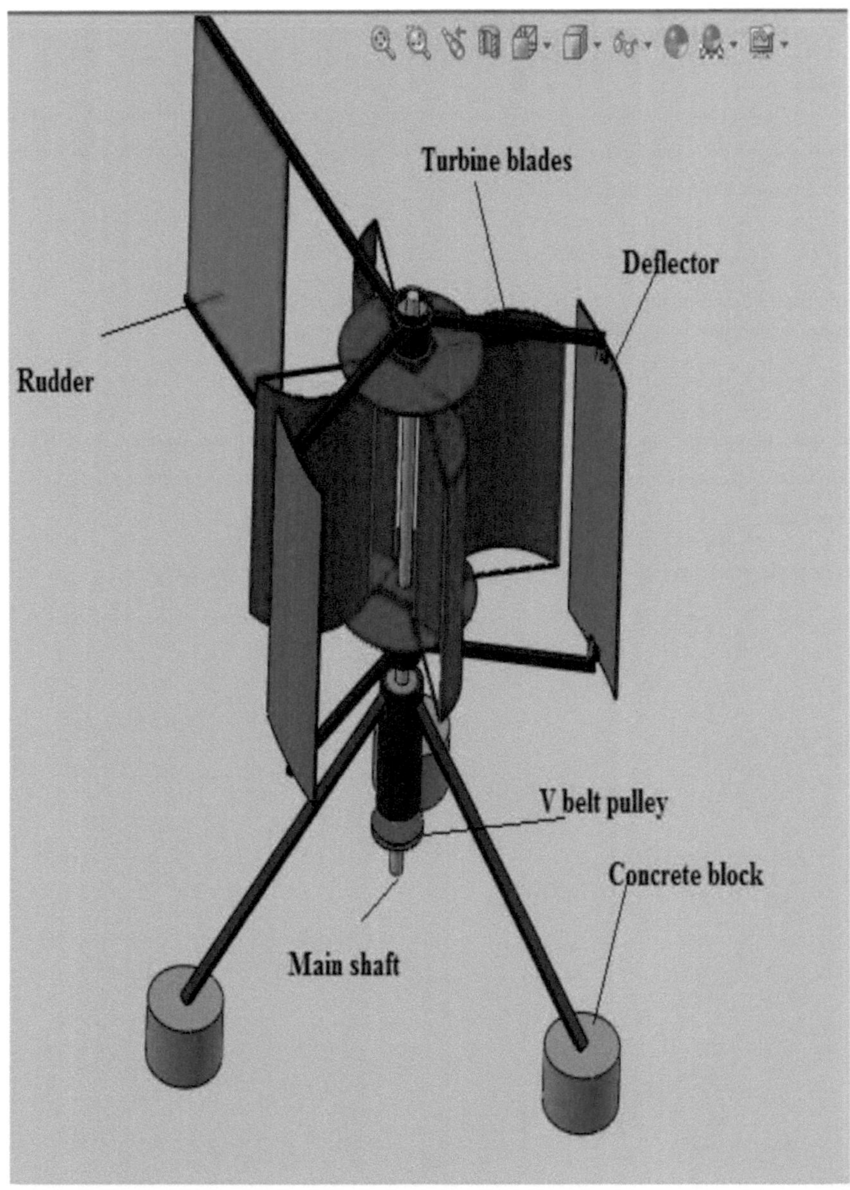

Figura 3-2 Modelo 3D em Solid Works da turbina eólica de eixo vertical

CAPÍTULO 4

CFD (Dinâmica de Fluidos Computacional)

Para desenvolver este projeto, os cálculos foram efectuados com CFD, que é um dos ramos da mecânica dos fluidos que utiliza métodos numéricos e algoritmos para resolver e analisar. Este software permite simular escoamentos, transferência de calor e massa, corpos em movimento, etc., através de modelação computacional. Para obter uma solução aproximada numericamente, é necessário utilizar um método de discretização para aproximar as equações diferenciais por um sistema de equações algébricas, que pode ser posteriormente resolvido com a ajuda de um computador. As aproximações são aplicadas a pequenos domínios no tempo e/ou no espaço. A precisão das soluções numéricas depende da qualidade da discretização utilizada, tal como a precisão dos dados experimentais depende da qualidade das ferramentas utilizadas.

É importante ter em conta que os resultados numéricos são sempre aproximados, porque há razões para as diferenças entre os resultados calculados e a realidade:

- As equações diferenciais podem conter aproximações ou idealizações.
- As aproximações efectuadas no processo de discretização.
- São utilizados métodos iterativos para resolver as equações discretizadas. Assim, a menos que sejam executados durante muito tempo, a solução exacta das equações discretizadas não é produzida.

Os erros de discretização podem ser reduzidos utilizando uma interpolação ou aproximações mais exactas ou aplicando as aproximações a regiões mais pequenas, mas isto normalmente aumenta o tempo e o custo da obtenção da solução.

É necessário um compromisso na resolução das equações discretizadas. Os solucionadores diretos, que obtêm soluções exactas, não são muito utilizados por serem demasiado dispendiosos. Por outro lado, os métodos iterativos são mais comuns, mas é necessário ter em conta os erros produzidos pela paragem demasiado rápida do processo de iteração.

4.1 Pacote Fluent para simulação CFD

O Fluent é um pacote de simulação de dinâmica de fluidos computacional (CFD) e o mais utilizado no mundo, com um historial de mais de 25 anos de desenvolvimento levado a cabo pela Fluent Inc., que está certificada ao abrigo das normas internacionais da ISO 9001.

4.2 SoftwareANSYS

A ANSYS oferece um conjunto abrangente de software que abrange toda a gama da física, fornecendo acesso a praticamente qualquer campo de simulação de engenharia que um processo de projeto requeira. Organizações de todo o mundo confiam na ANSYS para oferecer o melhor valor para o seu investimento em software de simulação de engenharia.

O Simulation-Driven Product Development eleva a simulação de engenharia a outro nível - a profundidade e amplitude inigualáveis do nosso software, juntamente com a sua incomparável escalabilidade de engenharia, base multifísica abrangente e arquitetura adaptativa, distinguem a nossa tecnologia de outras ferramentas CAE. Estas vantagens ANSYS acrescentam valor ao processo de projeto de engenharia, proporcionando eficiência, impulsionando a inovação e reduzindo as restrições físicas, permitindo testes simulados que de outra forma não seriam possíveis

Utilizámos o software ANSYS para a geração da malha do modelo 2D desenhado utilizando o Solid Works.

4. 3Procedimento de trabalho no ANSYS para a geração da malha.

Os problemas fluentes podem ser resolvidos de duas formas diferentes, como o modelo 2D e o modelo 3D. No caso do modelo 2D, assume-se intrinsecamente que não existem gradientes de velocidade na direção normal à grelha. Nos modelos 2D, o ANSYS consome menos memória e leva menos tempo para resolver os problemas.

O software ANSYS foi utilizado para criar uma malha 2D para resolver o problema de fluido na interface ANSYS fluent. No início, é necessário desenhar o objeto que se pretende resolver o problema de fluido no Solid Works como desenho 2D. O desenho em Solid Works pode ser exportado para o ANSYS como um ficheiro STEP.

Podemos resumir o procedimento de geração da malha ANSYS da seguinte forma.

> Esboço de desenho 2D utilizando o Solid Works.

Neste caso, desenhamos primeiro a região rotativa. Depois, essa parte é guardada como um ficheiro STEP AP203. Depois, desenhamos a camada limite. Esta parte também é guardada como um ficheiro STEP AP203.

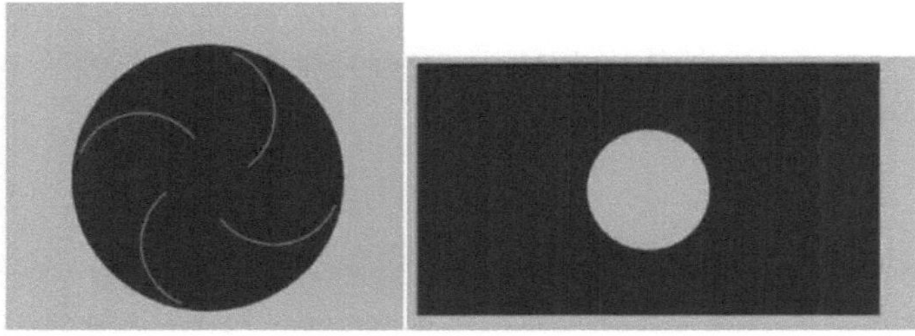

Figura 4-1 Desenho 2D em Solid Works da região em rotação e da camada limite, respetivamente

> Os ficheiros STEP são importados para o ANSYS.

> Definir a área de trabalho

Foi um requisito básico do ANSYS definir a área de trabalho e as interfaces utilizadas para resolver o problema. Foram definidas quatro interfaces necessárias para a rotação da turbina eólica. As áreas de trabalho definidas são mostradas na figura abaixo.

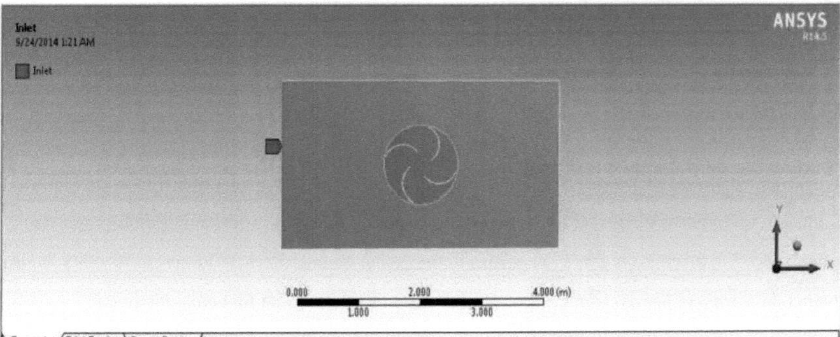

Figura 4-2 Área de trabalho definida

> Criar dimensionamento de malha

No dimensionamento da malha, utilizámos uma suavização elevada e um centro de ângulo de extensão fino. Utilizámos um tamanho mínimo de face de 0,005 m e um tamanho máximo de face de 0,05 m. A captura dessa parte do software é mostrada na figura abaixo.

> Finalmente, o ficheiro de malha é exportado como um ficheiro de entrada do Fluent.

Neste caso, utilizámos nomes diferentes para cada quantidade de pás da turbina. Assim, podemos comparar uns com os outros. O ficheiro final da malha é apresentado na figura abaixo.

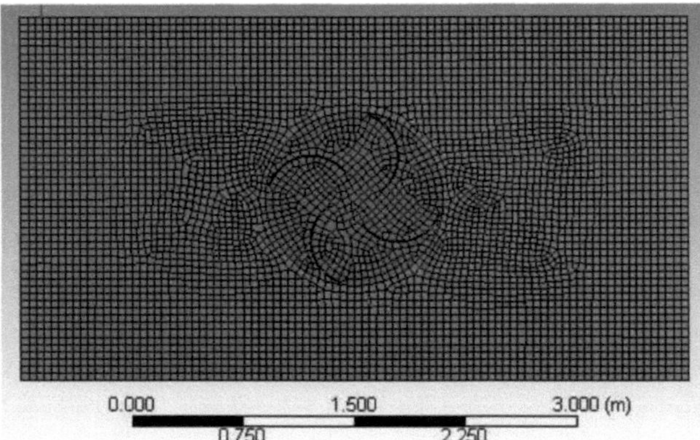

Figura 4-3 Ficheiro de malha final

4.4 Procedimento de trabalho em Fluent

Depois que a malha foi exportada para o Fluent, há alguns últimos parâmetros a serem definidos antes de executar a simulação. Em primeiro lugar, é necessário definir todas as interfaces definidas no ANSYS e, em seguida, a malha deve ser verificada e dimensionada para garantir que a malha foi bem construída.

> Definir o solucionador

Aqui utilizámos o tipo baseado em pressão, formulação de velocidade absoluta, espaço 2D planar e estudámos a base temporal transiente.

> Definição de modelos

Neste caso, utilizámos o modelo viscoso K-epsilon para analisar o escoamento turbulento.

> Definição de materiais

Utilizámos o ar como material de trabalho

> Definição da condição da zona celular.

Nesta secção, tivemos de definir o tipo de camada limite e o tipo de região rotativa. Utilizámos fluido para a camada limite e para a região rotativa. Em especial, ao definir a camada limite, devemos indicar o valor das rpm do movimento da malha. Demos 150 rpm.

>Definição da condição de fronteira

Nesta secção, devemos definir as condições de fronteira de entrada e de saída.

>Criação de uma interface de malha

Registou que: É importante, no processo de análise dos modelos 2D, ter em conta esse facto nos valores de referência. Pode ser visto na figura abaixo, a tabela dos valores de referência que é utilizada na análise dos modelos 2D. Antes de executar a análise, o modelo tem de ser inicializado a partir da entrada da condição de fronteira. Os resultados preferidos no Fluent são o coeficiente de arrasto, o coeficiente de elevação e o coeficiente de momento.

>Definição do passo de tempo e do número de passos de tempo

>Por fim , comparar os resultados para obter condições necessárias mais elevadas.

4.5 Seleção da melhor quantidade de lâminas de turbina

Utilizámos dados simulados fluentes para selecionar a melhor quantidade de pás de turbinas eólicas nesta secção. Verificámos a existência de 2 a 6 pás de turbina relativamente à velocidade do ar $1ms^{-1}$ - $10ms^{-1}$ 'Verificámos que 4 pás de turbina são mais eficientes do que outras. Aqui utilizámos o valor constante de 60 rpm para as várias velocidades do vento.

Utilizando dados simulados, podemos desenhar os gráficos. Utilizando esses gráficos, podemos simplesmente identificar quais as lâminas de turbina mais adequadas do que outras.

Os gráficos do coeficiente de momento total Vs. velocidade e do coeficiente de força total Vs. velocidade são apresentados nas figuras abaixo.

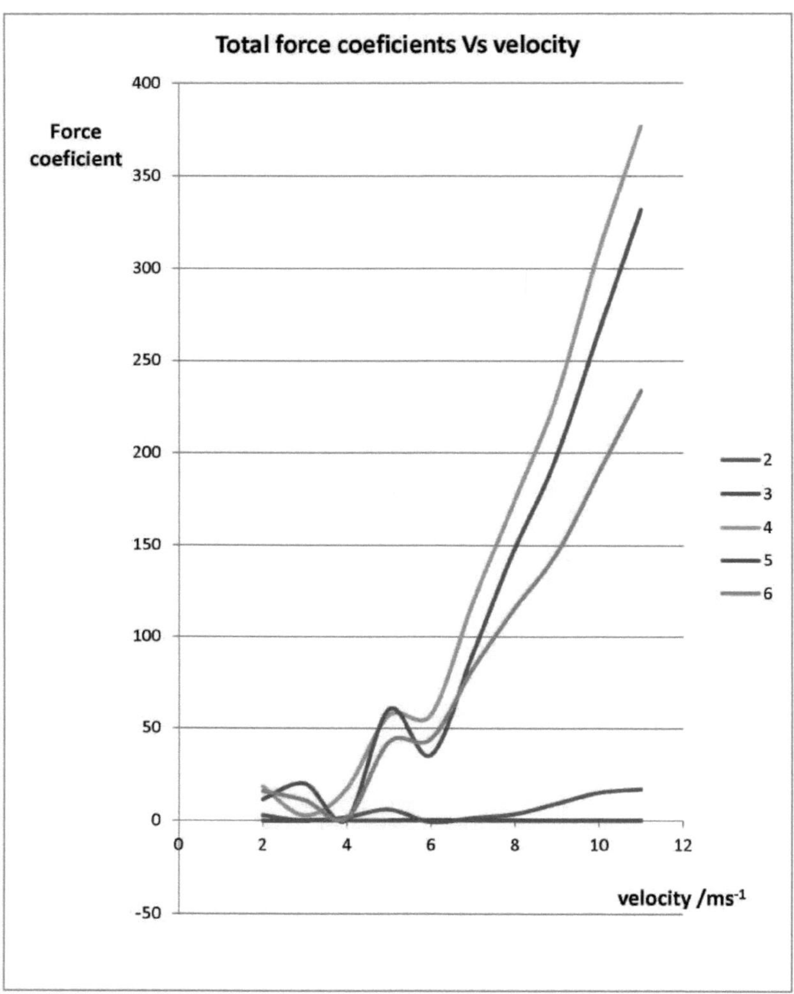

Figura 4-4 Coeficientes de força total Vs velocidade com diferentes lâminas

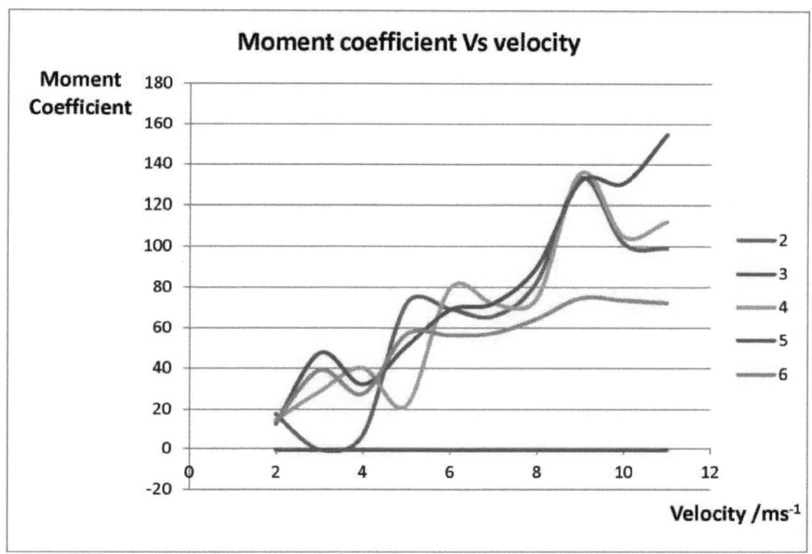

Figura 4-5 Coeficiente de momento Vs velocidade com diferentes lâminas

Os gráficos acima são desenhados com uma velocidade de rotação constante de 60 rpm da turbina eólica. Podemos ver que as 4 pás da turbina têm maior força e maior momento nas pás com o aumento da velocidade do vento. Quando aumentamos as rotações da turbina eólica, podemos ver que as 4 pás da turbina têm maior força e momento nas pás, e também, no processo de fabrico, é fácil equilibrar 4 pás da turbina. Tendo em conta todos estes factos, escolhemos 4 pás de turbina eólica para o nosso projeto.

4.6 Encontrar o anjo ideal das pás da turbina

Utilizámos dados simulados do Fluent para selecionar o ângulo ideal das pás da turbina. Verificámos a distância de 13 cm a 21 cm entre o centro e a extremidade das pás da turbina em função da velocidade do ar $1ms^{-1}$ - $10ms^{-1}$ ' Verificámos que 16 cm é a solução óptima. A velocidade média do ar é de 3 ms^{-1} - 5 ms^{-1} no Sri Lanka. De acordo com o gráfico, podemos ver um momento elevado a atuar nas pás da turbina quando a distância entre o centro e a extremidade das pás da turbina é de 16 cm quando a velocidade do ar é de 3 ms^{-1} - 5 ms^{-1} . Por isso, utilizámos esse valor. Os dados simulados são apresentados nas tabelas abaixo e o gráfico desenhado utilizando o Excel é apresentado na figura abaixo.

Tabela n.º 01: dados da força simulada quando as 4 asas da turbina eólica rodam a 150 rpm (com a distância do bordo da pá ao centro)

Velocity	**13cm**	**14cm**	**15 cm**	**16 cm**	**17cm**	**18cm**	**19cm**	**20cm**	**21cm**
1	19.298042	15.615556	19.056822	15.786231	9.8583	5.7504737	8.6974085	2.6798253	-2.745097
2	13.284116	11.193868	14.422746	12.627229	9.4065	7.8729775	10.601583	7.1729685	-13.78194
3	14.042429	16.017717	17.452255	23.483927	30.103419	34.02548	41.107696	42.451064	12.73720
4	5.0222805	1.626173	-0.611891	4.2204722	-8.5426502	-8.820274	-2.76267	-6.87426	38.4672
5	7.7016369	-6.358112	-17.56662	-18.86783	-18.601767	-20.03762	-23.20925	-11.29168	-13.8316
6	-0.097183	9.2055971	9.5088507	-23.49221	45.092758	26.838462	3.8704163	21.44697	74.85126
7	46.296378	36.560314	27.137192	54.066954	40.170322	39.132048	55.772907	39.31975	118.1737
8	103.42511	88.166881	86.468772	105.63139	105.9903	115.72242	105.46915	115.10684	114.7912
9	89.817587	94.516349	89.576825	93.113137	98.59206	95.799844	113.05522	91.804228	108.6927
10	129.25903	131.70681	123.61401	143.10385	169.56067	165.82116	165.49356	164.63208	182.3135

Quadro n.º 02: dados do coeficiente de força simulado quando as 4 asas da turbina eólica rodam a 150 rpm (com a distância do bordo da pá ao centro)

Velocity	**13cm**	**14cm**	**15 cm**	**16 cm**	**17cm**	**18cm**	**19cm**	**20cm**	**21cm**
1	31.507007	25.494786	31.11317	25.773439	16.0952	9.3885284	14.199851	4.3752249	-4.4817918
2	21.688353	18.275703	23.54734	20.615885	15.3576	12.853841	17.308707	11.710969	-22.501125
3	22.926415	26.151375	28.49347	38.341106	49.14844	55.551807	67.114605	69.30786	20.795434
4	8.1996416	2.6549764	-0.99901	6.8905669	-13.947184	-14.400447	-4.5104825	-11.223286	62.803692
5	12.574101	-10.380591	-28.6802	-30.804616	-30.370231	-32.714491	-37.892659	-18.435394	-22.582222
6	-0.1586666	15.029546	15.52465	-38.354625	73.620829	43.817896	6.319047	35.015459	122.20614
7	75.585924	59.690309	44.30562	88.272579	65.5842	63.889057	91.057807	64.195512	192.93669
8	168.85732	143.94593	141.1735	172.45941	173.04538	188.93456	172.19453	187.92953	187.41423
9	146.64096	154.31241	146.2478	152.02145	160.96663	156.40791	184.57996	149.88445	177.45749
10	211.03515	215.03153	201.8188	233.63894	276.83375	270.72842	270.19358	268.78707	297.65469

Tabela n.º 03: dados do momento simulado quando as 4 asas da turbina eólica rodam a 150 rpm (com a distância do bordo da pá ao centro)

Velocity	**13cm**	**14cm**	**15 cm**	**16 cm**	**17cm**
1	5.5613583	2.9512427	4.186892	1.2413327	-1.74768
2	34.06360	37.399511	38.02234	38.431655	38.10267
3	58.525503	73.189461	77.12459	87.428808	97.730192
4	67.299992	78.497956	78.08676	103.93607	74.66546
5	34.238308	32.401538	25.73518	46.300307	34.496791
6	78.424539	45.367896	38.31165	42.077784	34.703499
7	134.46226	139.6278	135.8200	147.90189	114.54822
8	113.65132	121.59806	117.385	95.182017	132.32112
9	198.67859	164.55539	166.5547	189.42354	182.50385
10	183.21564	169.50307	170.1668	166.73553	128.75342

18cm	**19cm**	**20cm**	**21cm**
-6.1337525	-8.3824666	-12.157237	-10.843758
39.287343	41.303703	39.484504	39.023165
107.48706	112.32845	116.1732	114.32403
69.45430	23.031142	33.792621	64.301957
39.832579	3.8778239	7.4680373	-9.3788821
11.725835	57.276529	-2.4649997	91.854245
141.76245	134.08982	130.01953	52.323021
112.05083	106.57113	105.37564	69.104351
178.15325	159.92875	160.79218	185.72069
130.93651	116.35463	123.16709	114.1982

Tabela n.º 04: dados do coeficiente de momento simulado quando as 4 asas da turbina eólica rodam a 150 rpm (com a distância do bordo da pá ao centro)

Velocity	**13cm**	**14cm**	**15 cm**	**16 cm**	**17cm**
1	9.0797686	4.8183554	6.8357423	2.0266656	-2.85335
2	55.614052	61.060426	62.077293	62.74556	62.2084
3	95.551841	119.493	125.9177	142.74091	159.5595
4	109.87754	128.15993	127.48859	169.69154	121.90279
5	55.899278	52.900469	42.01662	75.592338	56.321291
6	128.04006	74.070034	62.549633	68.698422	56.658773
7	219.53021	227.96375	221.74701	241.47247	187.0175
8	185.55317	198.52745	191.64955	155.39921	216.03448
9	324.3732	268.66187	271.92607	309.26292	297.96548
10	299.12757	276.73971	277.8234	272.22128	210.20966

18cm	**19cm**	**20cm**	**21cm**
-10.01429	-13.68566	-19.84855	-17.704094
64.142601	67.434617	64.464497	63.71129
175.48908	183.39339	189.67053	186.65147
113.39479	37.601865	55.171625	104.98279
65.032782	6.3311411	12.192714	-15.312461
19.14422	93.5127	-4.0244894	149.96611
231.44889	218.92215	212.27679	85.42534
182.94012	173.99368	172.04187	112.82343
290.86244	261.10816	262.51784	303.21745
213.7739	189.96675	201.08912	186.44604

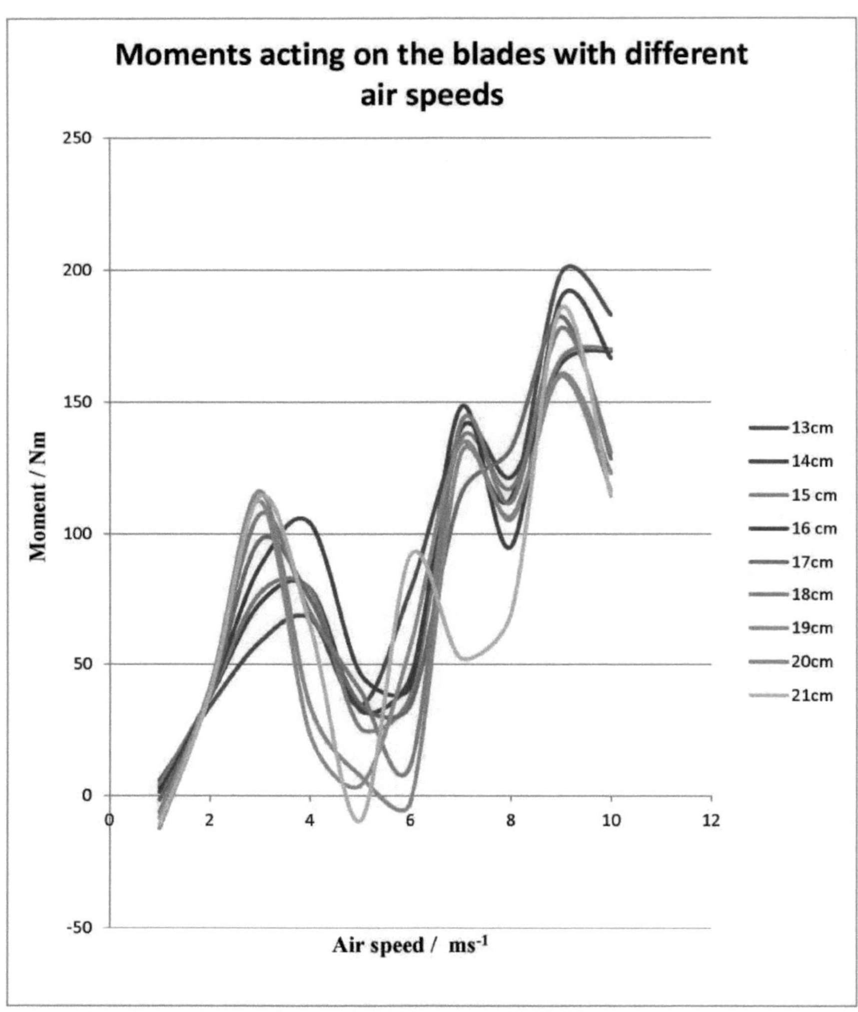

Figura 4-6 Momento Vs. velocidade

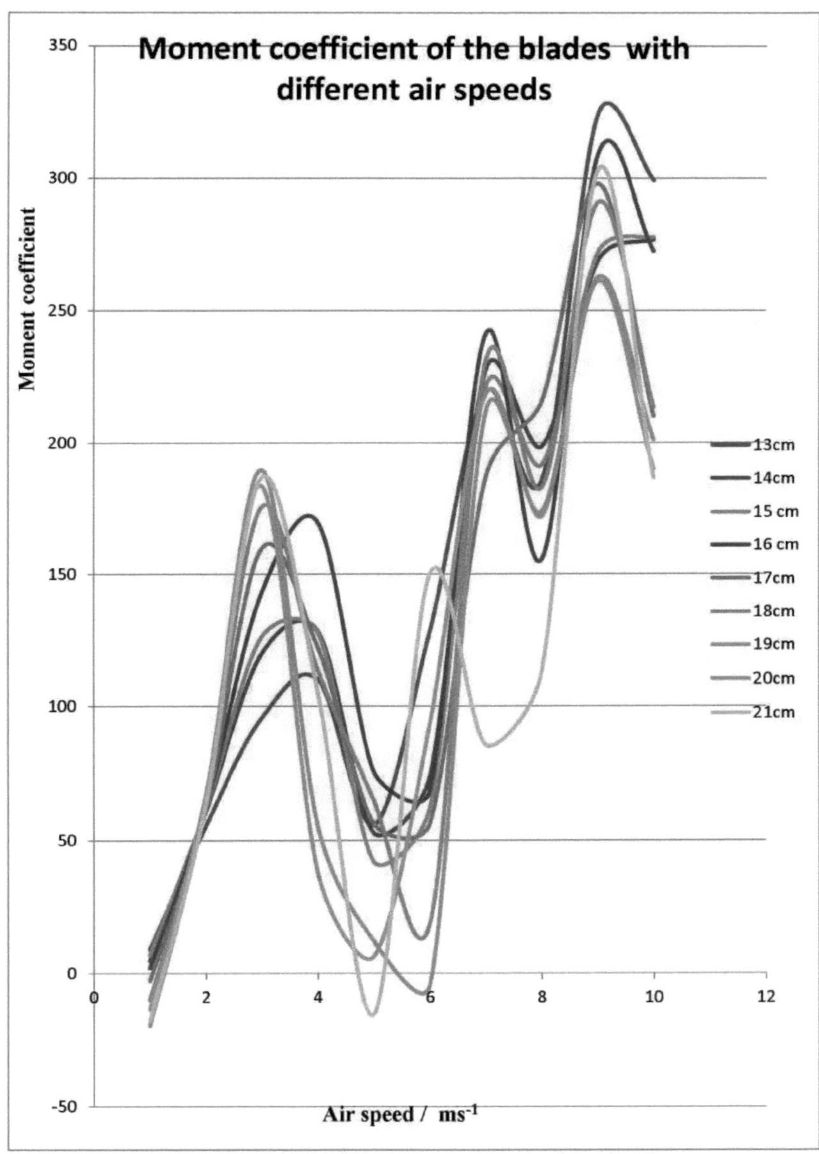

Figura 4-7 Coeficiente de momento Vs velocidade

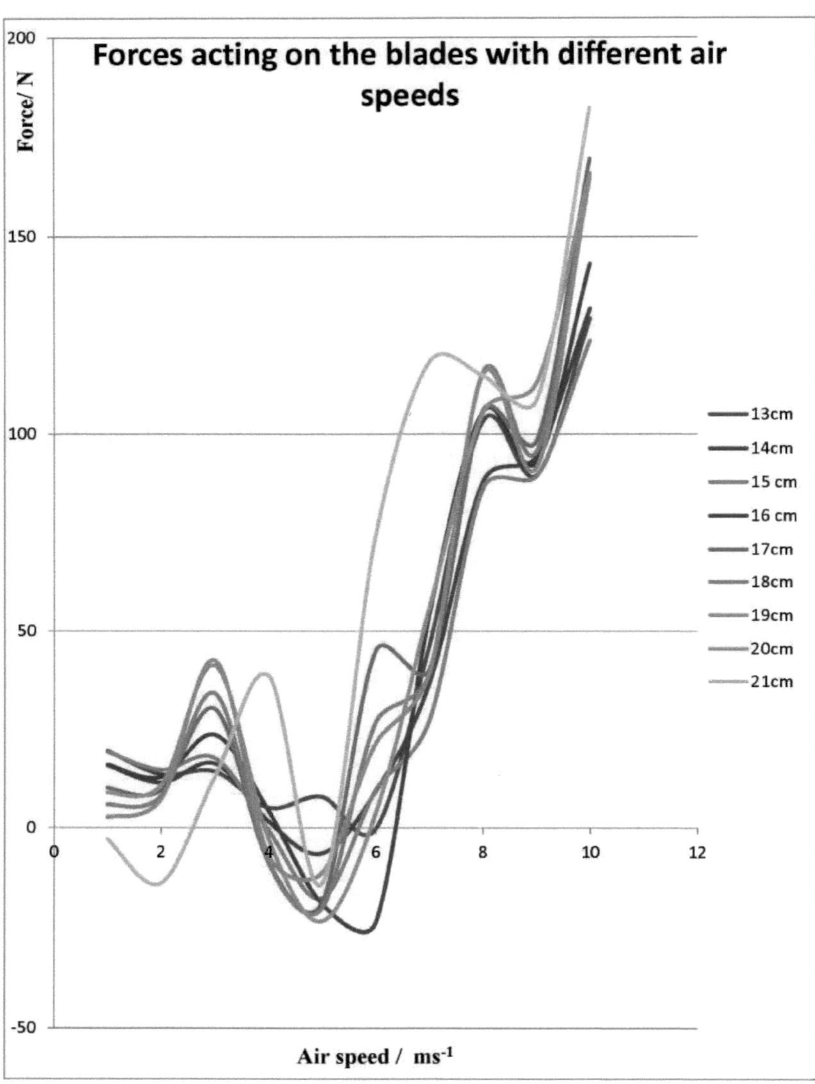

Figura 4-8 Força Vs. velocidade

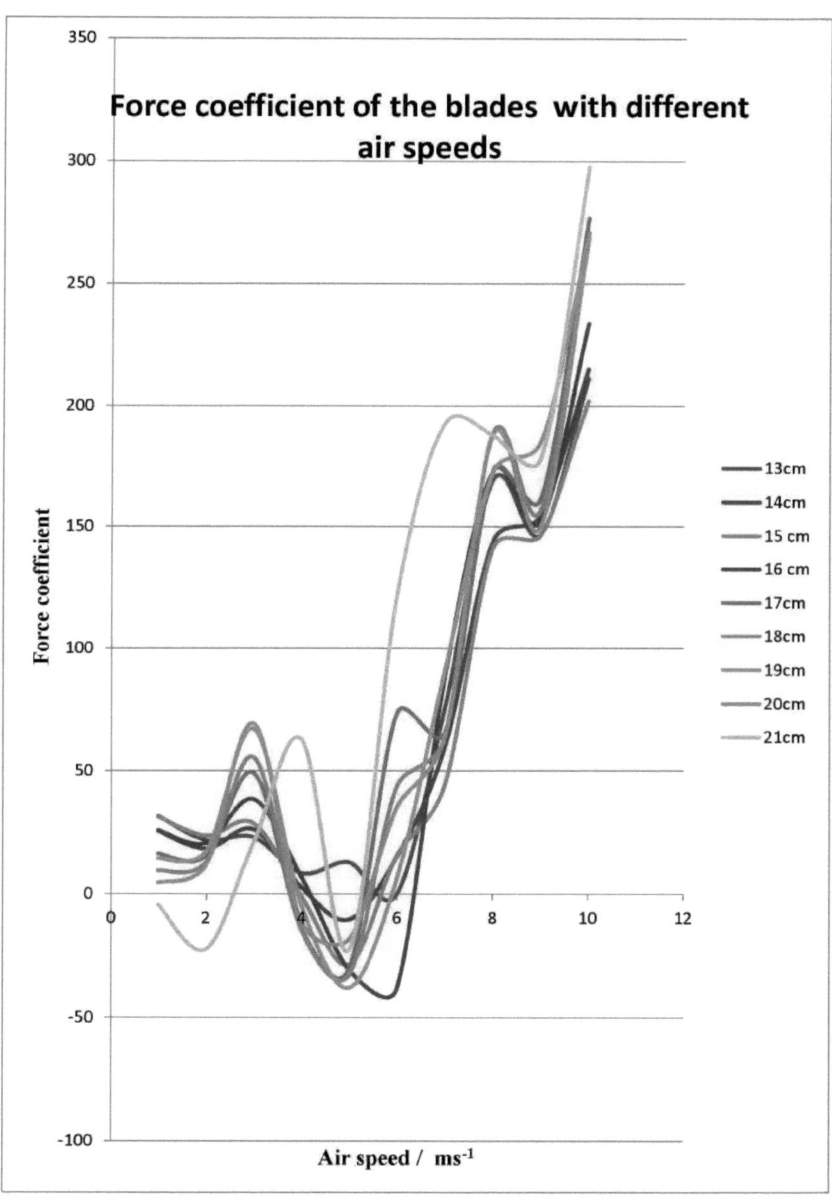

Figura 4-9 Coeficiente de força vs. velocidade

CAPÍTULO 5

PROCEDIMENTO DE CONCEPÇÃO E OPTIMIZAÇÃO DOS DEFLECTORES DE VENTO

Neste projeto, a otimização e o desenvolvimento dos deflectores foram feitos numa sequência de acordo com a metodologia. Na verdade, aqui a expetativa é aumentar ainda mais os valores do coeficiente de potência da turbina através da introdução do deflector. Aqui a expetativa é aumentar o efeito do binário no eixo da turbina através da projeção efectiva do vento em direção às pás rotativas

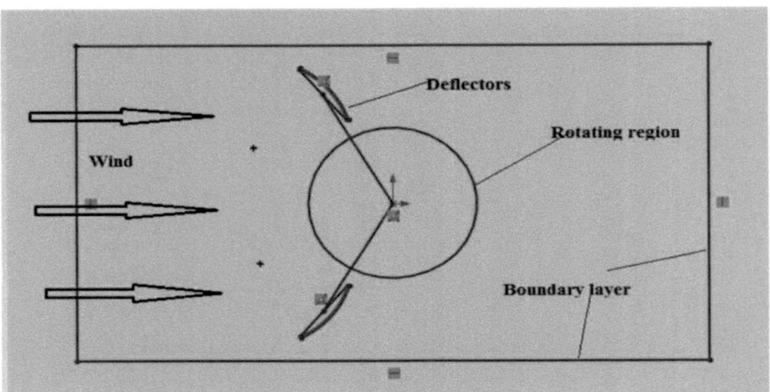

Figura 5-1 Vista superior da turbina eólica projectada com deflectores de vento

Foram considerados três tipos de formas diferentes de deflectores para a análise, tendo sido escolhida a forma de deflector que dá o melhor valor de Cp. A Fig. 5.2 representa as formas de deflectores consideradas a, b e c. As dimensões dos três deflectores diferentes são as indicadas na Fig. 5.3.

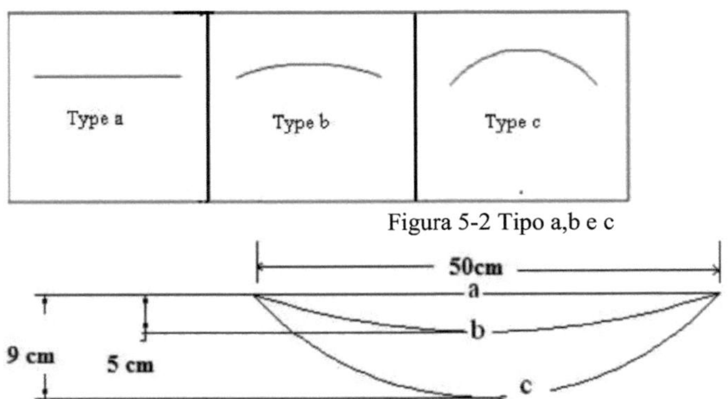

Figura 5-2 Tipo a,b e c

Figura 5-3 Especificações dos três tipos de deflectores

5. 1Processo de seleção e otimização dos deflectores

Utilizámos dados simulados fluentes para selecionar o melhor tipo de deflector. Verificámos 3 tipos de deflectores com diferentes posições angulares em relação à velocidade do ar $1ms^{-1}$ - $10ms^{-1}$. Concluímos que o tipo b é a melhor solução. O coeficiente de força analisado e o coeficiente de momento que actua na pá em função das velocidades do ar são apresentados nas tabelas abaixo.

A figura 5.4 mostra como definimos as posições angulares para os deflectores (para o deflector de tipo b)

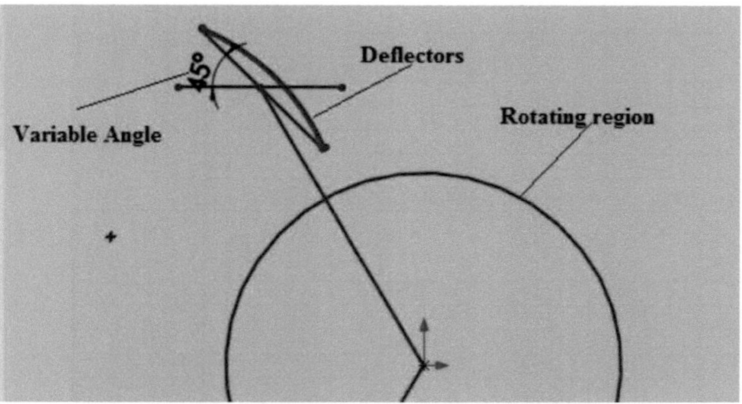

Figura 5-4 Alteração da posição angular dos deflectores do tipo b

Tabela No.05: Dados do coeficiente de força analisado com deflectores do tipo A

Velocity /ms^{-1}	10deg	25deg	40deg	55deg	70deg	80deg
1	38.3191	52.0835	69.5101	83.007125	88.907205	85.6564
2	45.9365	71.5185	119.190	151.04865	140.80274	135.625
3	70.6378	111.827	78.8867	93.2129	62.1570	48.8233
4	29.0555	44.4180	97.0517	168.06324	167.3318	159.88905
5	10.2135	144.720	180.959	236.7539	275.72168	266.5087
6	85.0380	155.1423	288.685	381.5585	436.7896	438.6758
7	143.025	217.7857	395.015	538.8947	635.3978	645.79517
8	178.345	305.0339	512.571	727.8974	852.8443	862.4462
9	229.551	392.5532	677.442	948.64319	1102.275	1110.9361
10	307.744	519.2004	848.688	1194.6733	1385.1635	1390.3488

Tabela No.06: Dados do coeficiente de força analisado com deflectores do tipo B

Velocity /ms^{-1}	5deg	15deg	25deg	40deg	50deg	60deg	70deg
1	38.6951	48.566	60.696	78.576	92.524	97.562	97.334
2	48.069	65.498	91.742	149.59	166.259	152.42	142.756
3	76.2108	90.728	114.680	82.488	112.883	89.463	92.631
4	25.746	43.8176	74.474	152.313	175.08	191.260	188.303
5	13.347	53.682	133.879	218.357	266.364	305.416	317.991
6	43.333	119.324	206.307	331.858	407.421	458.758	486.658
7	101.639	176.632	268.216	445.788	564.917	679.650	727.904
8	164.211	217.471	347.822	594.933	787.679	936.970	996.683
9	208.373	288.934	455.589	784.2830	1027.374	1218.552	1295.667
10	257.508	382.516	593.358	987.503	1295.832	1536.854	1627.647

Tabela No.07: Dados do coeficiente de força analisado com deflectores do tipo C

Velocity /ms^{-1}	0deg	10deg	25deg	40deg	55deg	70deg
1	37.9633	43.8065	60.1450	76.778	90.837	93.8869
2	43.1642	56.0683	84.6117	137.425	157.109	144.998
3	72.4069	82.6501	115.2759	82.6733	104.130	67.8651
4	24.4374	42.9041	67.2385	123.4614	175.825	182.834
5	11.5081	43.2759	163.623	207.499	264.662	295.312
6	19.1952	135.144	201.9924	329.197	403.688	452.2752
7	106.527	173.168	255.115	435.8218	568.784	670.567
8	164.993	177.711	329.712	574.2147	795.647	912.685
9	198.148	229.943	432.7013	754.4919	1038.153	1187.266
10	241.151	303.449	568.7535	947.9765	1311.832	1495.284

Tabela No.08: Dados do coeficiente de momento analisado com deflectores do tipo A

Velocity /ms^{-1}	10deg	25deg	40deg	55deg	70deg	80deg
1	1.74310	18.27198	32.3878	42.928057	45.959874	47.2874
2	71.1238	93.57644	110.595	118.11409	114.97498	127.2635
3	145.340	146.2591	123.107	112.78613	148.0464	152.0097
4	144.009	122.0241	133.206	190.88149	232.9769	243.6572
5	84.7599	150.1167	206.932	238.25042	278.43382	296.7281
6	75.8677	210.5117	237.863	320.1569	358.62769	367.2008
7	167.277	264.1314	358.664	377.11631	410.535	420.852
8	230.839	319.8782	358.795	413.028	477.6277	490.986
9	297.996	314.0207	378.031	468.48448	548.12473	560.567
10	255.862	281.5100	443.687	528.33732	616.7809	632.61584

Tabela No.9: Dados do coeficiente de momento analisado com deflectores do tipo B

Velocity /ms^{-1}	5deg	15deg	25deg	40deg	50deg	60deg	70deg
1	-1.858	7.836	20.858	32.017	38.7774	41.590	44.071
2	65.184	78.628	94.992	101.013	106.124	104.354	115.703
3	139.958	142.597	133.935	104.056	108.531	137.606	149.793
4	125.99	113.437	91.062	131.096	200.253	225.745	249.247
5	80.897	83.0894	179.590	195.173	227.807	261.068	291.710
6	59.165	136.970	178.589	264.607	309.033	339.584	364.218
7	220.947	219.591	283.201	355.750	355.526	388.767	426.556
8	220.092	261.247	295.453	352.737	403.281	467.680	516.011
9	246.821	253.608	266.638	386.800	469.228	545.354	596.387
10	248.629	264.358	270.621	451.635	535.611	622.470	681.052

Tabela No.10: Dados do coeficiente de momento analisado com deflectores do tipo C

Velocity /ms^{-1}	0deg	10deg	25deg	40deg	55deg	70deg
1	-2.78823	3.7198	19.1392	34.5157	39.366	44.604
2	60.6047	70.1093	91.8428	103.9308	105.843	116.188
3	138.273	136.082	138.665	110.8125	113.343	154.883
4	139.841	124.697	89.6032	130.866	201.007	238.662
5	85.9007	93.8887	154.087	196.2335	229.119	281.851
6	56.8863	160.692	161.605	262.952	318.245	355.406
7	222.137	120.797	276.7370	366.5246	370.197	406.650
8	198.242	263.399	329.712	352.015	415.559	488.599
9	247.144	232.835	274.4861	380.716	481.338	562.196
10	239.785	259.341	266.129	446.565	548.055	639.460

Tendo em conta os valores acima referidos, verificámos que cada tipo de deflector tem um coeficiente de momento e de força elevado a 70 graus. Assim, pegámos nos valores de cada um dos 70 graus e comparámos uns com os outros. Assim, conseguimos perceber que o tipo b é o melhor tipo. O gráfico de comparação é apresentado na figura seguinte.

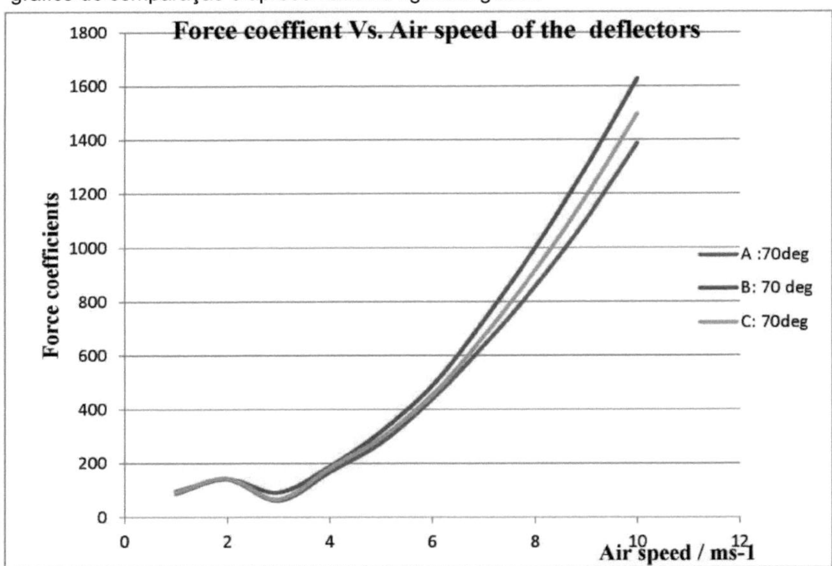

Figura 5-5Coeficiente de força Vs. velocidade do ar dos deflectores

A distribuição da pressão nas pás da turbina com deflector de tipo b é apresentada na figura seguinte.

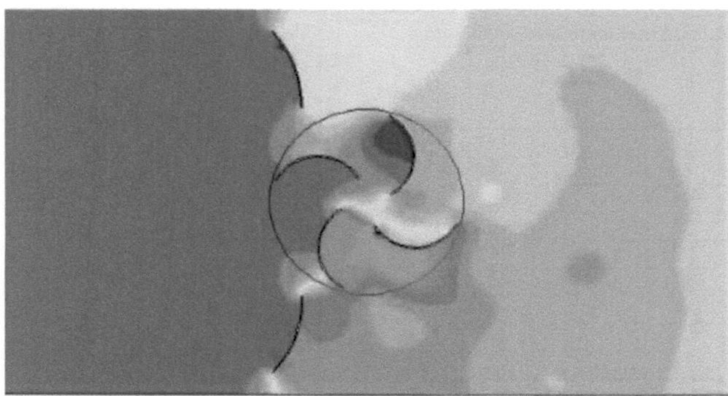

Figura 5-6Distribuição da pressão nas pás da turbina com deflector de tipo b

CAPÍTULO 6

FABRICO DE TURBINAS EÓLICAS

Planeámos fabricar a turbina eólica peça a peça. Os procedimentos de fabrico são mencionados a seguir.

- > Fabrico de lâminas
- > Fabrico de peças rotativas
- > Fabrico de suportes
- > Montar a peça rotativa e o suporte
- > Deflectores de fabrico
- > Montagem dos deflectores na turbina eólica

6.1 Fabrico de lâminas

Utilizámos um barril vazio para fabricar as lâminas das asas. Tivemos de fazer as suas formas originais. Utilizámos um barril vazio como o seguinte

Figura 6-1 Barril vazio usado

Assim, utilizámos uma máquina de corte para cortar o barril e depois utilizámos uma máquina de laminagem para lhe dar a forma curva original. Rasgámos o barril em 3 partes. Essa parte era a nossa única lâmina. Assim, rasgámos 2 barris para fazer 4 lâminas. A parte superior do barril foi utilizada para manter o suporte da lâmina.

Após a montagem das quatro lâminas, o resultado será o seguinte

Figura 6-2 Lâminas da turbina

6.2 Fabrico de peças rotativas

Depois de fabricar as pás da turbina, montámos essas pás no eixo principal de acordo com a posição analisada. E também tivemos de montar rolamentos no eixo principal. Utilizámos 2 rolamentos de esferas e 2 rolamentos axiais.

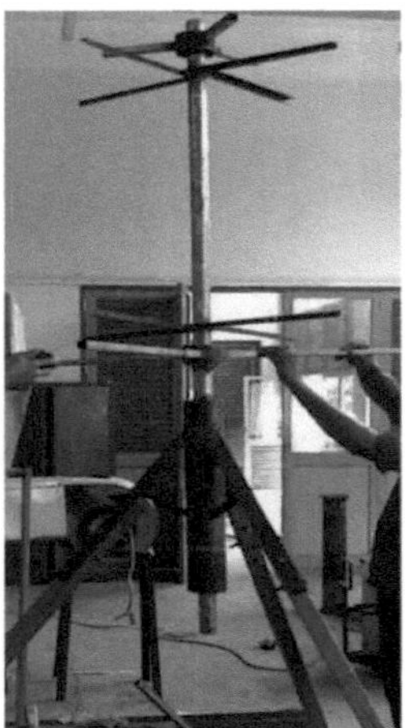

Figura 6-3 Peça rotativa

6.3Fabricação do suporte

Após o fabrico da parte rotativa, fabricámos o suporte da turbina eólica. Tem 3 pernas. Fabricámos este suporte de modo a que a distribuição das tensões seja muito baixa.

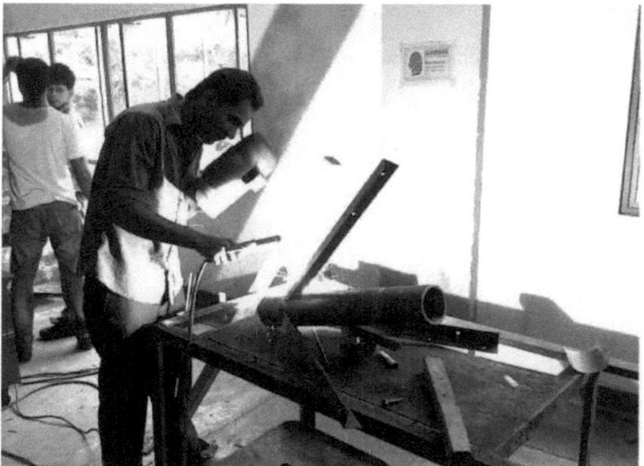

Figura 6-4 Durante o fabrico do suporte

6.4 Montar a peça rotativa e o suporte

Após o fabrico da peça rotativa e do suporte, tivemos de montar tudo isto.

Após a montagem, a imagem é a seguinte

Figura 6-5 Enquanto o suporte e a montagem rotativa

6.5Fabrico de deflectores

As posições angulares exactas dos deflectores, os ângulos dos deflectores, os tipos de deflectores e a distância entre os deflectores e as pás da turbina foram obtidos através das simulações CFD. Em seguida, os deflectores tiveram de ser concebidos de acordo com os parâmetros obtidos. Assim, foi utilizado principalmente o trabalho em sólidos e as principais preocupações do projeto foram a elevada resistência, o peso reduzido, o baixo custo e a facilidade de montagem.

6.5. 1Processo de conceção dos deflectores

Cada deflector foi fabricado com 90 cm de altura e 50 cm de largura. O baixo peso, a capacidade de montar e desmontar facilmente e a capacidade de resistir a ventos médios sem se deformar foram selecionados como parâmetros críticos de conceção. Era muito importante fazer um projeto adequado antes do início do processo de fabrico. O esboço do deflector foi desenhado tendo em conta os factores de conceção acima mencionados. Em seguida, foi modelado utilizando o software de desenho Solid Works.

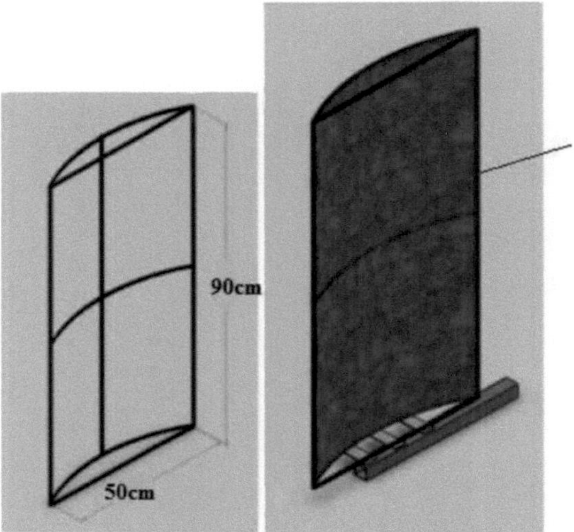

Figura 6-6 Desenho do deflector em Solid Works

Utilizando o material, é possível calcular a massa total do deflector e o centro de massa do deflector. É muito importante saber isso quando se considera o equilíbrio do deflector. O centro de massa deve ser mantido a um nível inferior para uma melhor estabilidade do deflector.

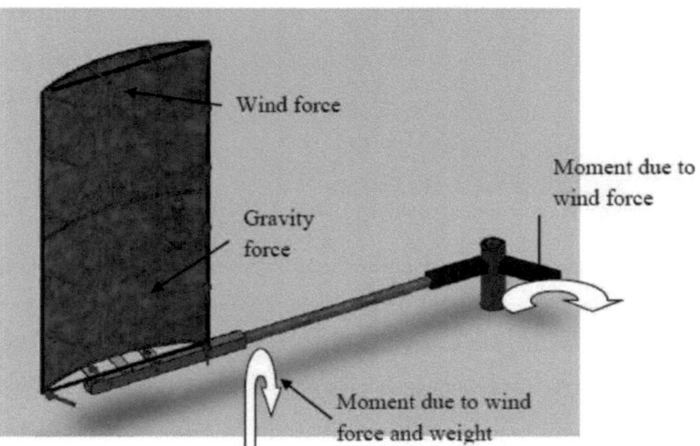

Figura 6-7Forças que actuam no sistema deflector

Pode ser simulado na interface do Solid Works, fornecendo os parâmetros actuais e calculando a tensão, a deformação e a deflexão do deflector com a força do vento fornecida. Ao executar esse processo de simulação, é possível garantir que o deflector não falha nessa condição e quais são as áreas críticas que têm uma concentração máxima de tensões.

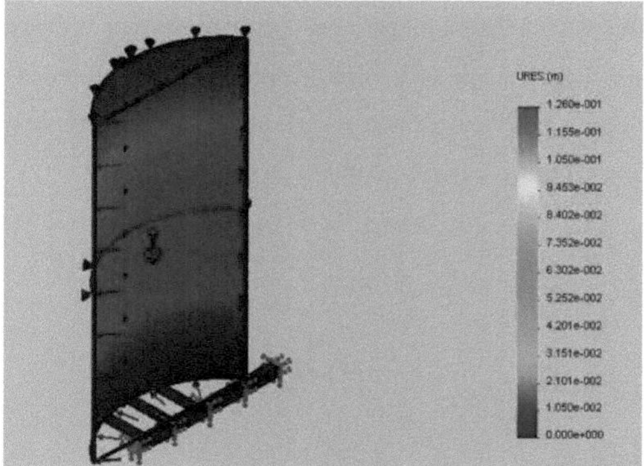

Figura 6-8Simulação de trabalho sólido do deflector para deformação

De acordo com os dados de simulação fornecidos pelo Solid Works, a conceção do deflector foi adequada para as forças médias do vento. As peças de montagem do deflector também devem ser verificadas quanto ao peso do deflector e ao binário induzido pelo deflector devido à força do vento.

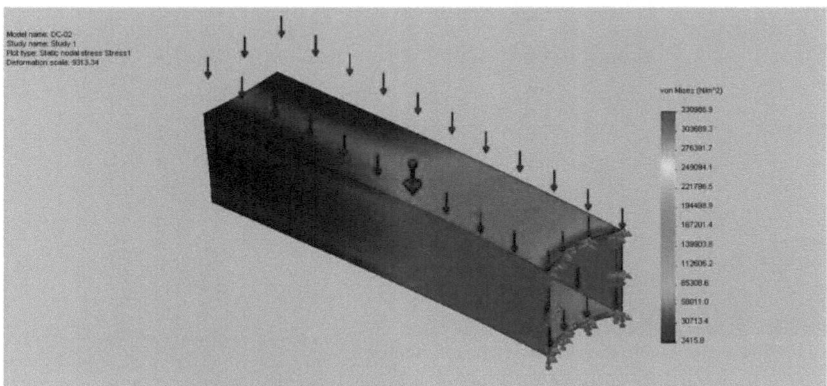

Figura 6-9Caixa de ligação do deflector Simulação de tensões

O deflector foi concebido utilizando o Solid Works e foram efectuadas várias simulações para verificar a mancha de tensão e as falhas por fadiga quando a carga da asa é aplicada. O deflector será bem montado na turbina eólica apenas através do seu lado inferior. Por isso, é muito importante efetuar várias simulações e obter detalhes sobre a resistência do deflector à energia eólica. O deflector tem de ser fabricado com capacidade para enfrentar cargas de vento elevadas e inesperadas, para segurança da turbina eólica e das pessoas que lidam com ela.

6.4.1 Processo de fabrico dos deflectores

Neste caso, foi utilizado o ferro plano mais fino e mais leve para os deflectores, devido ao seu peso reduzido.

Além disso, a sua resistência estava bem dentro dos limites que podem suportar uma quantidade considerável de velocidade e pressão do vento. A forma preferida do deflector com a curvatura relevante foi obtida através da dobragem do ferro plano. Depois de a estrutura ter sido fabricada, foi perfurada para a montagem da chapa metálica que forneceria a superfície lisa do deflector. Também aqui foi cuidadosamente examinado e testado o número mínimo de furos para cada estrutura deflectora, uma vez que isso poderia enfraquecer a resistência da estrutura. Todos os trabalhos de fabrico foram efectuados no interior da oficina do departamento.

Figura 6-10Durante a montagem das armações dos deflectores

6.6 Montagem dos deflectores na turbina eólica

Figura 6-11Após a montagem dos deflectores na turbina eólica

CAPÍTULO 7

TESTE DE TURBINA

Após o processo de fabrico, o passo seguinte foi testar o desempenho da turbina sem deflectores e com deflectores. De acordo com os resultados dos ensaios, podemos chegar a uma conclusão sobre o seu desempenho.

Figura 7-1 Turbina sem o sistema deflector e com o sistema deflector

7.1 Ensaio de turbina sem deflectores

A turbina foi testada para avaliar o seu desempenho sem deflectores. Para o efeito, a altura das três pernas da turbina foi aumentada para facilitar a medição das RPM e também para aumentar a estabilidade da turbina. Além disso, foi concebido e fabricado um mecanismo simples para obter os valores de binário. Foi utilizado um anemómetro para medir a velocidade do vento e um tacómetro para medir as RPM da turbina. No caso do ensaio da turbina, foi introduzido um travão simples e um mecanismo de medição do binário.

Figura 7-2 Ensaio de uma turbina sem deflectores

7.1.1 Mecanismo de medição do binário

A polia estava ligada ao eixo rotativo. Assim, a correia foi enrolada à volta da polia e depois foi ligada a 2 balanços de mola nas suas duas extremidades. Estes dois balanços de mola foram ligados ao ângulo L que estava a passar pela barra de rosca. Com os parafusos em ambas as extremidades do ângulo L, este pode ser colocado de forma estável enquanto as leituras estão a ser efectuadas. O ângulo L pode ser deslocado ao longo da barra de rosca com diferentes cargas. A barra de rosca também foi montada numa das pernas da estrutura da turbina, uma vez que pode ser facilmente removida com duas porcas. Com este mecanismo, os valores de binário podem ser medidos facilmente

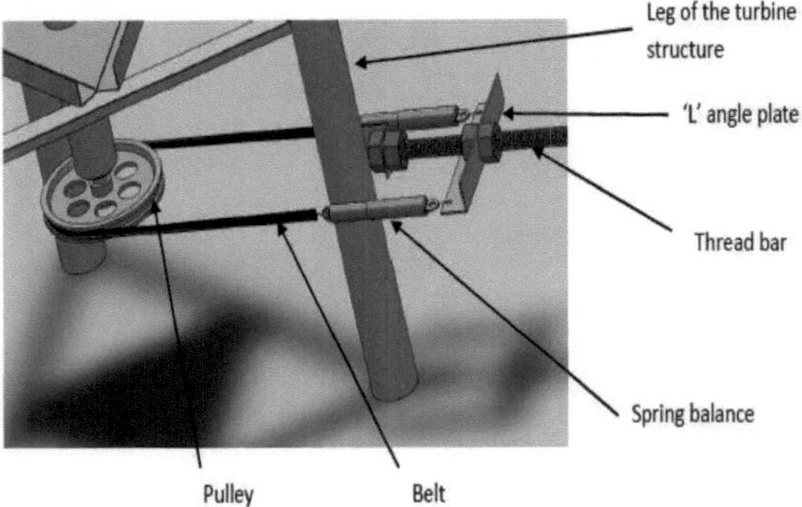

Figura 7-3 Mecanismo de medição do binário

7.1.2 A energia do vento

Outro ponto a considerar durante a conceção e avaliação de qualquer turbina eólica é a forma de calcular a potência eólica nas pás. Mas a potência eólica disponível é diferente da potência eólica utilizável. Em primeiro lugar, a expressão é apresentada na Equação 7.1, que serve para calcular a potência eólica disponível:

$$\mathbf{P = 0.5\rho\ A\ U^3} \quad \text{eq: 7.1}$$

P = Potência eólica em watts

A = área perpendicular à direção do vento formada pelo rotor, em m^2

U = velocidade do vento em m/s

A expressão para calcular a potência eólica utilizável é apresentada na equação 7.2:

$$\mathbf{P = 0.5\rho\ A\ U^3 Cp} \quad \text{eq: 7.2}$$

Nesta expressão, Cp é o coeficiente de potência que depende do tipo de máquina e, para cada variável, da relação entre a velocidade periférica das pás e a velocidade do vento.

7.1. 3Coeficiente de potência

A potência de saída de um rotor de turbina eólica varia com as rpm, pelo que o desempenho do rotor é normalmente apresentado no gráfico do coeficiente de potência vs. rácio entre a velocidade da ponta e a velocidade do vento

O coeficiente de potência é definido na equação 7.3:

$$Cp = \frac{P}{\frac{1}{2}\rho U^3 A}$$

.... eq: 7.3

Onde, P = potência do rotor

O rácio entre a velocidade da ponta e a velocidade do vento, ou rácio da velocidade da ponta, ou TSR, é definido na equação 7.4:

$$\lambda = \frac{wR}{U}$$

....eq: 7.4

w = RPM do rotor

R= Raio máximo do rotor

U= Velocidade do vento [6],[7]

7.1. 4Resultados dos ensaios sem deflectores

Como o clima não era muito favorável à realização dos ensaios, o processo teve de ser efectuado em dois dias. Os dados do ensaio e a distribuição dos parâmetros obtidos são apresentados de seguida.

Quadro n.º 11: Dados obtidos no ensaio da turbina sem deflectores

Air vel/ ms^{-1}	**T_1 / N**	**T_2/ N**	**$T_1 - T_2$ / N**	**N(rpm)**	**ω /$rads^{-1}$**	**Rotor power/ P=(T1 – T2)rω**	**C_p**	**λ**
1.2	98.1	39.24	58.86	10.7	1.12	4.94	4.32	0.07
1.6	117.72	98.1	19.62	16.1	1.68	2.47	0.91	0.08
2.5	176.58	39.24	137.34	20.2	2.12	21.83	2.11	0.063
2.6	137.34	78.48	58.86	23.1	2.42	10.68	0.92	0.069
2.7	196.2	78.48	117.72	29	3.04	26.84	2.06	0.084
2.8	215.82	78.48	137.34	31.9	3.34	34.40	2.36	0.089
3.3	137.34	58.86	78.48	31.9	3.34	19.65	0.82	0.076
3.5	117.72	39.24	78.48	29.5	3.09	18.18	0.64	0.066
3.6	176.58	98.1	78.48	25	2.62	15.42	0.49	0.054
3.7	117.72	49.05	68.67	35.9	3.76	19.36	0.57	0.076
3.8	176.58	58.86	117.72	37.8	3.96	34.96	0.96	0.078
3.9	215.82	117.72	98.1	62	6.49	47.75	1.21	0.124
4.0	196.2	39.24	156.96	38.7	4.05	47.67	1.12	0.075
4.2	215.82	78.48	137.34	35	3.66	37.69	0.76	0.065
4.3	196.2	58.86	137.34	35.1	3.67	37.80	0.71	0.064
4.4	137.34	49.05	88.29	54.2	5.67	37.54	0.66	0.096
5.0	274.68	88.29	186.39	52	5.46	76.33	0.92	0.082
6.7	255.06	78.48	176.58	64.7	6.78	89.79	0.45	0.075

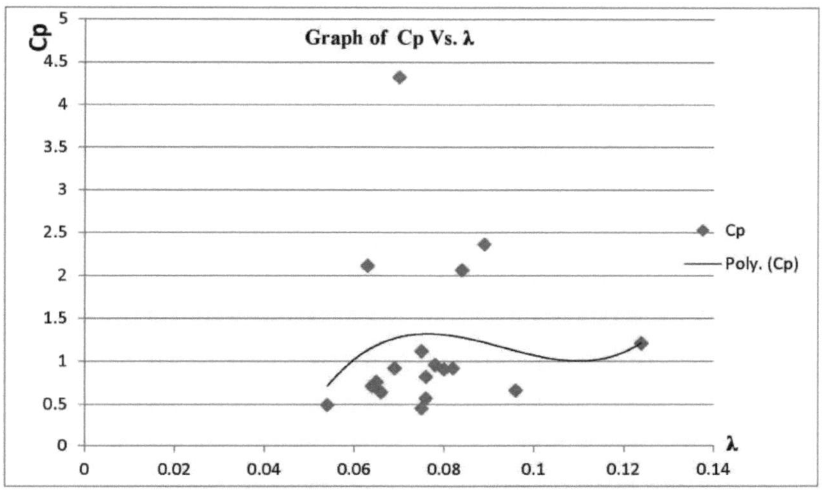

Figura 7-4 Dados práticos do ensaio da turbina sem deflectores

7.2 Ensaio de turbina com deflectores

Depois de os deflectores terem sido fabricados, o passo seguinte foi testar o desempenho da turbina com o sistema de deflectores. Assim, os deflectores fabricados foram posicionados de acordo com os resultados simulados e o ensaio da turbina foi realizado da mesma forma que o primeiro ensaio da turbina que foi feito sem os deflectores.

Figura 7-5 Durante o ensaio da turbina com deflectores

Também aqui, no ensaio, foi utilizado um anemómetro para medir a velocidade do vento e um tacómetro para medir as rpm. Aqui foi utilizado o mecanismo exato que foi utilizado para a medição do binário no primeiro ensaio da turbina.

7.2.1 Resultados dos ensaios com deflectores

Também aqui, neste ensaio, a velocidade do vento foi muito variável. A maior parte das vezes era inferior a 3 m/s. No entanto, também foi registada uma leitura estranha de mais de 6-7 m/s e a turbina também respondeu bem a esse potencial de vento, fornecendo valores de binário muito melhores. Aqui o resultado do teste é tabulado e a variação de Cp de acordo com a TSR é dada.

Tabela No.12: Dados obtidos pelo ensaio da turbina com deflectores

Air vel/ ms^{-1}	**T_1 / N**	**T_2/ N**	**$T_1 - T_2$ / N**	**N(rpm)**	**ω /$rads^{-1}$**	**Rotor power/ P=(T1 – T2)rω**	**C_p**	**λ**
1.1	117.72	39.24	78.48	15.3	1.60	9.42	10.69	0.110
1.4	127.53	68.67	58.86	18.2	1.91	8.43	4.64	0.102
2.5	156.96	68.67	88.29	25.2	2.64	17.48	1.69	0.079
2.6	166.77	78.48	88.29	28.3	2.96	19.60	1.68	0.085
2.7	215.82	78.48	137.34	33.5	3.51	36.15	2.77	0.097
2.8	215.82	78.48	137.34	30.5	3.19	32.86	2.26	0.085
3.3	147.15	58.86	88.29	32.7	3.42	22.64	0.95	0.077
3.4	127.53	39.24	88.29	30.8	3.23	21.39	0.82	0.071
3.6	186.39	88.29	98.1	32	3.35	24.64	0.79	0.069
3.8	137.34	49.05	88.29	35.8	3.74	24.76	0.68	0.074
3.9	245.25	117.72	127.53	65	6.81	65.14	1.66	0.130
4.0	225.63	49.05	176.58	41.5	4.34	57.47	1.35	0.081
4.1	235.44	68.67	166.77	38.9	4.07	50.91	1.11	0.075
4.3	215.82	68.67	147.15	37.2	3.89	42.93	0.81	0.068
4.5	176.58	49.05	127.53	57.6	6.03	57.67	0.95	0.101
4.9	264.87	88.29	176.58	58	6.07	80.38	1.03	0.093
6.3	284.49	107.91	176.58	77.5	8.11	107.40	0.65	0.096

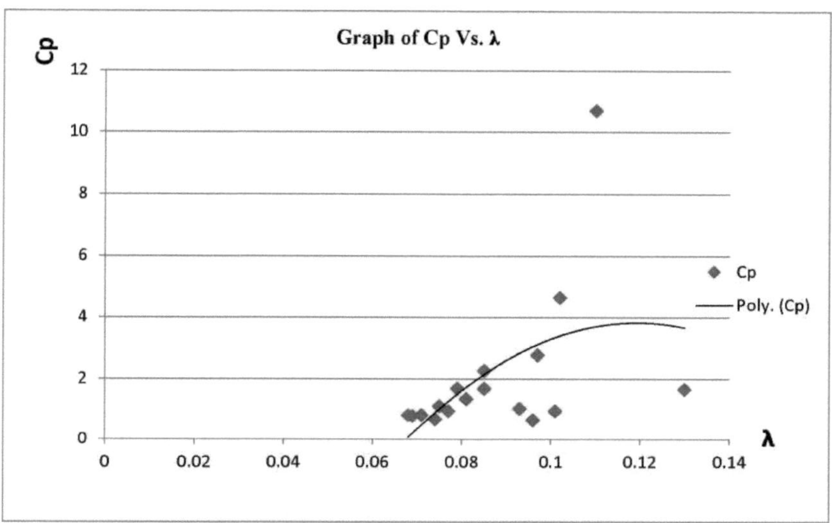

Figura 7-3 Dados práticos do ensaio da turbina com deflectores

7. 3Comparação do desempenho

Com a introdução dos deflectores, o valor Cp aumentou. A comparação do desempenho da turbina eólica é apresentada na figura seguinte

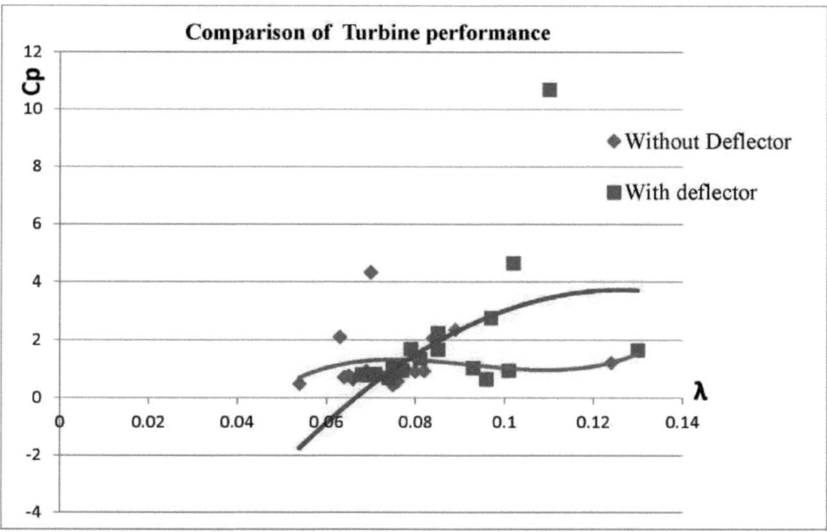

Figura 7-4 Comparação dos dados de ensaio

7.4 Avaliação do desempenho

A turbina respondeu à velocidade do vento de uma forma razoável. Com uma velocidade do vento de 6,7 m/s, produziu cerca de 90 W sem deflectores. E também com uma velocidade do vento de 6,3 m/s, produziu cerca de 107W com deflectores. Trata-se de uma boa melhoria do valor da potência de acordo com os desempenhos desta turbina eólica de eixo vertical. Os valores mais elevados de potência gerados pela turbina durante o ensaio são apresentados na tabela seguinte.

Tabela No.12: Potência produzida pela turbina sem deflector

Air velocity / ms^{-1}	**N(rpm)**	**Rotor power/ W**
1.2	10.7	4.94
1.6	16.1	2.47
2.5	20.2	21.83
2.6	23.1	10.68
2.7	29	26.84
2.8	31.9	34.40
3.3	31.9	19.65
3.5	29.5	18.18
3.6	25	15.42
3.7	35.9	19.36
3.8	37.8	34.96
3.9	62	47.75
4.0	38.7	47.67
4.2	35	37.69
4.3	35.1	37.80
4.4	54.2	37.54
5.0	52	76.33
6.7	64.7	89.79

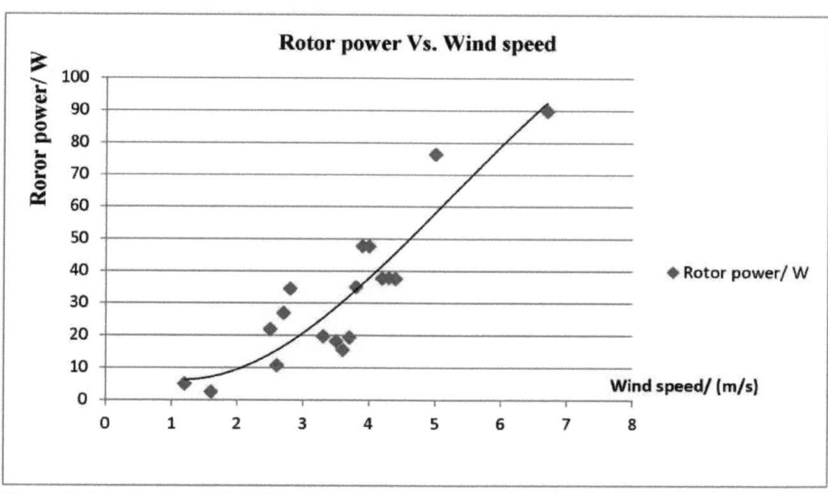

Figura 7-5 Potência produzida pela turbina sem deflectores

Tabela n.º 13: Potência produzida pela turbina com deflector

Air velocity/ ms^{-1}	**N(rpm)**	**Rotor power/ W**
1.1	15.3	9.42
1.4	18.2	8.43
2.5	25.2	17.48
2.6	28.3	19.60
2.7	33.5	36.15
2.8	30.5	32.86
3.3	32.7	22.64
3.4	30.8	21.39
3.6	32	24.64
3.8	35.8	24.76
3.9	65	65.14
4.0	41.5	57.47
4.1	38.9	50.91
4.3	37.2	42.93
4.5	57.6	57.67
4.9	58	80.38
6.3	77.5	107.40

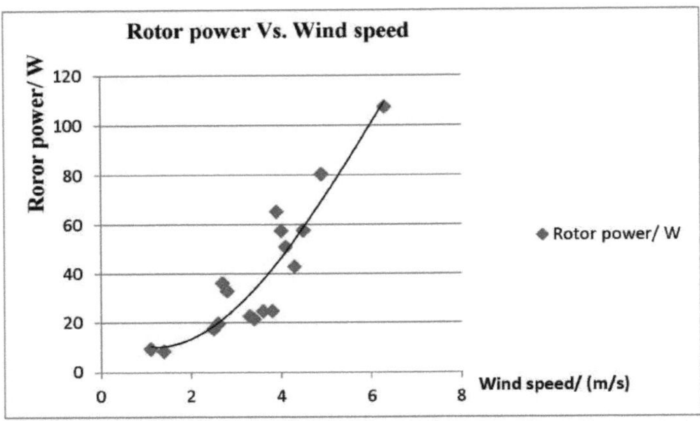

Figura 7-6 Potência produzida pela turbina com deflectores

Nas turbinas eólicas de eixo vertical comercializadas no mundo, os valores de Cp estão dentro de 0,3 regiões. Normalmente, são de 0,29 (eficiência de 29%). Assim, parece que o desempenho desta turbina está numa posição aceitável. As VAWTs disponíveis no mercado custam mais de 500 dólares (cerca de 65000 rúpias) e esta turbina custa apenas cerca de 31000 rúpias. Portanto, se for possível melhorar a qualidade de fabrico e a precisão, juntamente com um potencial eólico muito bom, esta turbina também pode gerar uma quantidade considerável de energia por si só.

7.5Desvantagens e soluções

Um dos principais inconvenientes desta turbina é que a velocidade do ar deve ser superior a 2 ms^{-1} para fazer rodar a turbina eólica com deflectores. Por isso, em baixas velocidades, a rotação da turbina é perturbada pelos deflectores devido à inércia. Assim, uma das principais modificações que podem ser feitas para se livrar desse problema é aumentar o comprimento do suporte do deflector. Assim, não perturbará a rotação da turbina eólica.

CAPÍTULO 8

CONCLUIÇÃO

Enquanto estes trabalhos estão a ser concluídos, foi recolhida uma enorme quantidade de conhecimentos e foi necessário explorar uma vasta área no domínio da CFD. Por vezes, foram gastas semanas a resolver problemas no Fluent que surgiram durante as simulações. Ao longo do processo de simulação, foram efectuadas mais de 400 simulações e cada simulação demorou cerca de 1-2 horas a ser simulada. Para o fazer, foram necessárias mais de 600 horas só em simulações. Para essas simulações, foram desenhadas mais de 50 malhas. No caso das simulações, a maioria dos computadores portáteis facilmente disponíveis dificilmente satisfazia os requisitos do software. Assim, a velocidade de simulação foi reduzida. Por isso, é preciso gastar muito mais tempo. Para alguns problemas que surgiram, algumas áreas do software tiveram de ser exploradas. Esses problemas eram problemas únicos de utilizador para utilizador. Além disso, não havia informação suficiente na Internet. Por isso, as novas áreas tiveram de ser exploradas com grande coragem. Portanto, trata-se de aprender coisas novas e desafiantes.

Como os resultados foram apresentados em relação a Cp, também foi necessário reorganizar e processar os dados obtidos pelas simulações. Assim, os dados tiveram de ser registados corretamente e de forma adequada para facilitar a leitura e o processamento. Mas, no final, conseguimos terminar a parte da simulação dentro do período de tempo que lhe foi atribuído.

No processo de fabrico foram adquiridos muitos conhecimentos sobre os aspectos práticos e como fazer certas coisas na oficina. Foi-nos dado dinheiro para o projeto. Isso foi muito útil para atingir o nosso objetivo principal.

Durante os testes, as condições climatéricas não ajudaram muito. Por vezes, sopravam ventos muito fortes, com cerca de 10 m/s em simultâneo. Por vezes, apenas sopravam cerca de 1-2m/s. Por vezes, a chuva também entrou na festa e molhou tudo em poucos segundos. Mas, no final, todas essas coisas fizeram parte da curva de aprendizagem e as lições que ensinaram foram as mais valiosas e importantes para o futuro. Por vezes, a coragem que foi melhorada durante o período de simulação ajudou quando o fabrico e os testes estavam a decorrer. Por isso, todas foram boas lições.

REFERÊNCIAS

[1] . Dr. Hettiarachchi N.K., Jayathilake R.M., Sanath J.A. "Simulação de desempenho de uma turbina eólica de eixo vertical de pequena escala (VAWT) com a integração de um sistema deflector de vento", Departamento de Engenharia Mecânica e de Produção, Faculdade de Engenharia, Universidade de Ruhuna, 19 de março de 2014

[2] . Wind turbine [online].Viewed 2014 June 03.Available: http://en.wikipedia.org/wiki/

[3] . A importância da energia eólica [Online]. Consultado em 04 de junho de 2014. Disponível: http://ezinearticles.com

[4] . Turbina eólica de eixo vertical [online].Viewed 2014 June 4. Disponível:http://en.wikipedia.org

[5] . Cálculo de forças, momentos e centro de pressão. [Online] . Visualizado em 25 de setembro de 2014. Disponível em: http://aerojet.engr.ucdavis.edu/fluenthelp/html/ug/node1195.htm

[6] J.P.Baird, S.F Pender, "Optimization of a vertical axis wind turbine for small scale applications", 7th Australian Hydraulics and Fluid Mechanics Conference, Brisbane, 1822 de agosto de 1980.

[7] . A energia do vento [em linha]. Consultado a 20 de dezembro de 2014. Disponível: http://en.wikipedia.org/wiki/Wind_power

Printed by Books on Demand GmbH, Norderstedt / Germany